VÍAS FERRATAS

© **Textos:** Miriam Lorenzo González y Roberto Iván Cano
© **Fotografías:** Roberto Iván Cano
© **Diseño de cubierta/interior y maqueta:** Isaac Gimeno (lanada.org)

Primera edición: Octubre 2025

Valentín Beato, 21
28037 Madrid

Depósito legal: M-17926-2025
ISBN: 978-84-915-8994-5

Impreso en España
Printed in Spain

PAPEL DE FIBRA
CERTIFICADA

Miriam
Lorenzo González

Roberto
Iván Cano

VÍAS FERRATAS

Rutas por España
para todos los niveles
con los mejores consejos

ANAYA
TOURING

ÍNDICE

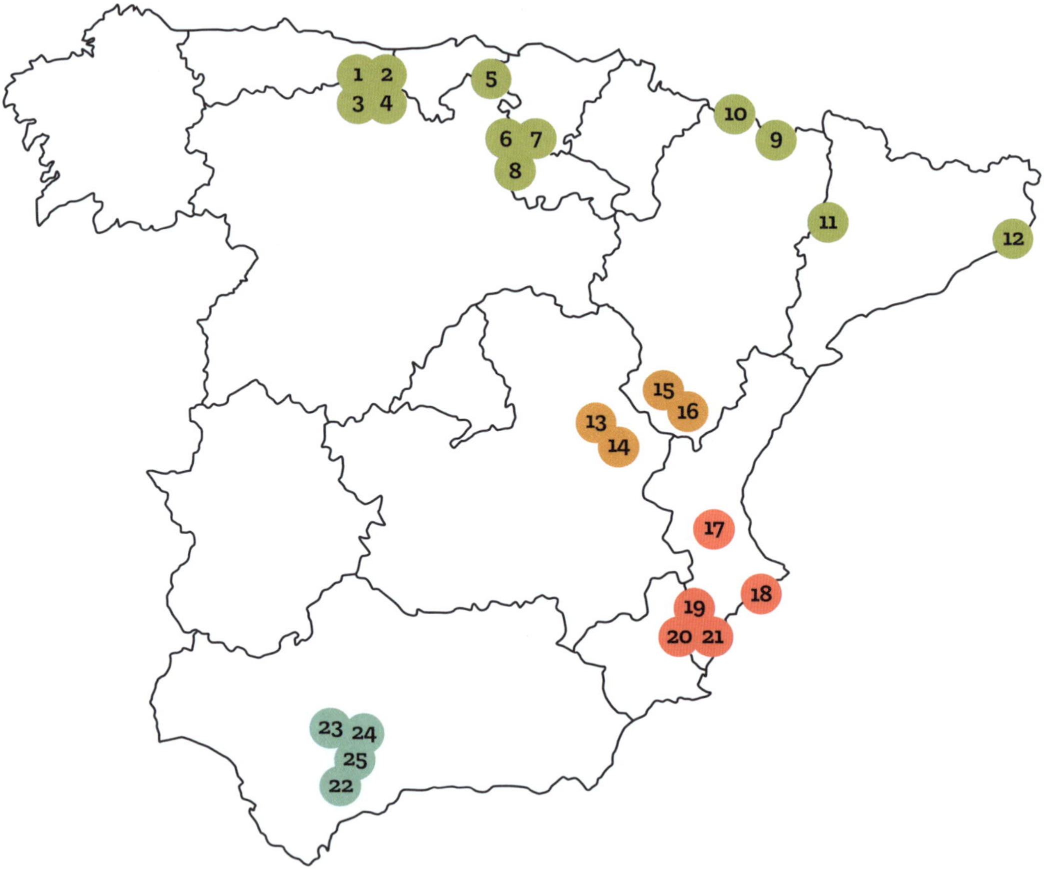

VÍAS FERRATAS

ZONA NORTE

ZONA CENTRO

COSTA DE LEVANTE

ANDALUCÍA

INTRODUCCIÓN

LAS VÍAS FERRATAS: PUENTES ENTRE PARED Y CORAZÓN

Cuando hablamos de vías ferratas, muchos piensan en estructuras de hierro que trepan por paredes verticales, en nudos, cables y grapas que parecen sacados de una película de aventura. Pero, en realidad, son mucho más que eso. Porque las vías ferratas son un invento moderno, pero con raíces profundas en la historia de la montaña y la exploración. Antes de lanzar al aire esas expresiones como «escaparse a la pared», hagamos un pequeño viaje al pasado para entender qué son, cómo nacieron y por qué hoy en día han conquistado tantos corazones.

¿Qué son las vías ferratas? Una pequeña definición para los no iniciados. La palabra *ferrata* proviene del italiano, y significa «hierro» o «ferre». Literalmente, una vía ferrata es un camino equipado con cables, grapas, escaleras y puentes. Permiten ascender paredes verticales o travesías peligrosas y producen una sensación de adrenalina sin necesidad de ser un escalador experto ni dominar las complicadas técnicas que exige la escalada tradicional. Es una especie de «puente» entre la aventura y la accesibilidad, entre la pared y tú. La ventaja es que, con un equipo adecuado y las instrucciones precisas, aunque en ocasiones puede requerir un alto grado de fuerza y algo de experiencia, cualquiera puede disfrutar de esa sensación de estar colgado en el aire, rodeado de montañas y naturaleza, sin tener que ser un superatleta o un escalador profesional.

LA HISTORIA DE LAS VÍAS FERRATAS: DE LA GUERRA A LA MONTAÑA

Ahora, quizás te preguntes, ¿de dónde sale esta moda? Pues bien, las vías ferratas tienen un origen relativamente reciente, y muy ligado a la historia y la innovación. Fueron creadas en los Alpes italianos durante la Segunda Guerra Mundial, diseñadas por militares para facilitar el acceso a zonas de difícil paso y el movimiento en zonas estratégicas. Pero no quedó ahí la cosa. En los años setenta, un divulgador y escalador italiano llamado Giovanbattista Pizzoli empezó a transformar esas estructuras militares en caminos recreativos, adaptándolas para que cualquier aventurero pudiera sentir esa misma emoción, pero sin guerra de por medio ¡Afortunadamente!

Desde entonces, las vías ferratas se extendieron por toda Europa, y en los últimos años, por todo el mundo. Se convirtieron en una forma accesible de acercarse al mundo vertical, de conectar con paredes que en el pasado solo estaban reservadas para escaladores especializados o a montañeros experimentados. Hoy en día, muchas de esas estructuras todavía conservan esa historia en su ADN, pero también se han adaptado a los nuevos tiempos, buscando ser sostenibles, seguras y, sobre todo, divertidas.

¿Qué impacto tienen en el turismo? ¿Realmente ayudan a repartir los visitantes?

Cuando Miriam y yo empezamos a practicar este deporte, nos dimos cuenta de que las ferratas podían ser beneficiosas para el turismo en las regiones más necesitadas, quizá más olvidadas. Aquí, la cuestión se vuelve más interesante. Es cierto que en muchas de esas áreas donde las vías ferratas se han implantado, no podemos decir que hayan revolucionado el turismo ni provocado una redistribución masiva. En realidad, no hay tantos que las hagan todavía. Pero, ojo, no debemos subestimar su efecto: en lugares como Libros en Teruel, o Sobrón en Álava, sí que hemos visto que algunos turistas llegan expresamente para vivir esa sensación en un entorno accesible y más natural, lejos de los destinos saturados.

Por otro lado, estas estructuras también han llegado a zonas menos conocidas, pequeñas localidades en la España vaciada. Piensa en la provincia de Soria, en Teruel o en pequeños pueblos de Málaga: sitios donde el turismo no es un motor principal, y donde estas vías pueden ofrecer una forma de atraer visitantes sin que se conviertan en masas. Sin embargo, hay que ser sinceros: mucha gente que disfruta de las vías ferratas, en realidad no contribuye significativamente al desarrollo económico local. Hacen una actividad rápida, de unas horas, y siguen su camino. En esos casos, la vía ferrata en sí no ayuda a dinamizar la economía, sino que puede ser solo un motivo más de molestia si no está acompañada de una buena gestión. Por eso, es nuestra responsabilidad como viajeros contribuir a esa economía local con pequeños gestos como hacer la compra en sus supermercados locales, comer en sus restaurantes o alojarnos en sus hoteles. Las empresas de turismo activo darán trabajo a la gente joven que quizá tenga una alternativa para construirse una vida en su tierra natal.

Y aquí entra en juego otra reflexión importante: esas vías cerradas o menos transitadas, mantenidas en lugares todavía vírgenes, conectan con el deseo humano de buscar experiencias auténticas. Nos acercamos a la montaña sin hacer ruido, sin aglomeraciones, en un acto de pura conexión con la naturaleza. En estos lugares, las vías ferratas no solo ofrecen un reto físico, sino que también permiten una reconexión con la esencia más pura de la montaña. Sin ruidos, sin multitudes, en espacios donde todavía se respira esa sensación de estar en un rincón del mundo que no ha sido completamente conquistado por el turismo masivo. Ahí, la vía ferrata se convierte en un puente entre tú y la pared, un medio para acercarte sin miedo y sin necesidad de tener los conocimientos o la fuerza que requiere una escalada técnica. Esa es, para mí, una de sus grandes virtudes: democratizar el acceso a paredes y lugares que antes parecían inalcanzables, abriendo un pequeño camino para que más personas puedan disfrutar del monte sin tener que ser escaladores profesionales. Es una forma de poner la naturaleza al alcance de todos, cuidando, eso sí, que esa apertura no deje huellas irreparables en esos espacios que todavía conservan su estado más puro.

¿Qué nos depara el futuro de las vías ferratas?

Pues bien, si hay algo evidente, es que su papel en el turismo sostenible puede ser muy significativo si se gestiona con criterio y responsabilidad. La clave será que las infraestructuras, las rutas y las normativas evolucionen pensando en el equilibrio entre diversión y protección ambiental. Imaginemos, por ejemplo, que en los próximos años se implementen sistemas inteligentes de gestión, con límites de aforo en zonas sensibles o vías cerradas en espacios todavía vírgenes, controladas mediante tecnología que ayude a evitar la masificación y a proteger esos entornos.

Ya en algunos sitios se empiezan a implantar estos sistemas. Cuenca o Sobrón, por ejemplo, con una reserva previa y un pago mínimo controlan el número de personas en la vía, ayudando a no sobrecargar el espacio y a llegar a ese equilibrio que buscamos. La innovación y el control inteligente del impacto serán, sin duda, piezas clave en esa visión futura.

Y TÚ, ¿QUÉ CAMINO ELIGES?

Al final, esa decisión está en nuestras manos. Las vías ferratas nos abren una puerta a unas paredes verticales que alguna vez parecieron inalcanzables, pero también nos invitan a reflexionar sobre cómo queremos que esa puerta siga abierta en el futuro. ¿Seremos responsables y cuidaremos el entorno? ¿Valoraremos y apoyaremos a las comunidades que las rodean? La montaña aún tiene mucho que ofrecernos, pero requiere de nuestro compromiso y respeto. Como en toda aventura, será en la forma en que elijamos recorrer ese camino como realmente se defina nuestro valor como viajeros y como guardianes de estos espacios mágicos. Porque, al final, las vías ferratas no son solo un puente entre pared y corazón; también pueden ser un puente hacia una forma de turismo y de vida más responsable y consciente.

CÓMO LEER Y ENTENDER LA DIFICULTAD EN LAS VÍAS FERRATAS

TIPOS DE FERRATA Y CÓMO INTERPRETARLAS ANTES DE LANZARSE

Uno de los aspectos más importantes a la hora de enfrentarse a una vía ferrata es entender qué nivel de dificultad tiene, qué tipo de recorrido nos espera y cómo podemos leer la información previa para prepararnos bien y disfrutar con seguridad.

No todas son iguales. Algunas son accesibles, suaves, casi un paseo por la montaña con alguna grapa que otra, mientras que otras pueden exigir un nivel físico y técnico alto, además de buena gestión del vértigo. Por eso, en este capítulo vamos a repasar cómo se clasifican las vías ferratas, qué tipos podemos encontrar y cómo hacer una lectura útil de cada itinerario antes de comenzar.

ESCALAS DE DIFICULTAD: ¿QUÉ SIGNIFICA ESO DE K1, K2, K3...?

En Europa, y especialmente en España, la clasificación más extendida es la escala Hüsler, que utiliza la letra K (de *Klettersteig*, «vía ferrata» en alemán) seguida de un número del 1 al 6. Esta escala tiene en cuenta factores como la verticalidad, la exposición, el esfuerzo físico requerido y la cantidad de apoyos artificiales disponibles. Un resumen orientativo sería el siguiente:

K1 (muy fácil): Tramos sencillos, poco expuestos, con abundantes agarres y grapas. Ideal para quienes se inician o quieren una experiencia tranquila.

K2 (fácil): Algo más vertical, con pasos ligeramente más técnicos, pero aún accesible para la mayoría de las personas con buena movilidad.

K3 (moderada): Aumenta la exigencia física y psicológica. Hay más exposición al vacío y puede ser necesario tirar de brazos en algunos momentos. Aquí ya empiezan a aparecer los agarres naturales tanto para manos como para pies.

K4 (difícil): Desplomes, agarres más espaciados, menos descansos y tramos que exigen cierta técnica. Pensada para personas con experiencia y buena forma física. Pero no hablamos solo de fuerza, determinados factores técnicos, como un rapel o una escalera extraña muy expuesta, pueden llevar una vía sin esfuerzo físico a este nivel.

K5 (muy difícil): Vía atlética, con pasos que requieren fuerza y concentración. A menudo incluye tramos aéreos, equipamiento escaso y poco margen para el error. Las grapas alejan lo suficiente como para pedir un mínimo de altura en algunas ocasiones

K6 (extremadamente difícil): Muy técnica, sostenida y exigente. Solo recomendable para ferratistas avanzados, bien entrenados y habituados a vías de este nivel.

Es importante recordar que estas categorías son orientativas. La percepción de dificultad puede variar mucho según el estado físico, la experiencia personal y las condiciones del día.

TIPOS DE VÍAS FERRATAS: NO TODOS BUSCAMOS LO MISMO

Además del grado de dificultad, es útil entender el tipo de experiencia que propone cada vía. Algunas están diseñadas para ser muy deportivas, otras buscan más el disfrute del entorno natural o servir como iniciación.

Aquí te explicamos algunos tipos comunes y ponemos ejemplos que mostraremos en los capítulos posteriores:

Ferratas familiares
Pensadas para la iniciación y el disfrute en grupo, incluso con niños. Son cortas, de baja dificultad (K1-K2) y bien equipadas. Perfectas para primeros contactos con este tipo de actividad. El tramo familiar de Redován en Alicante podría ser un buen ejemplo.

Ferratas panorámicas o paisajísticas
Aquí el objetivo es disfrutar del entorno. El recorrido suele ser horizontal o en travesía, con tramos sencillos y poca exposición. A menudo están ubicadas en zonas de gran interés natural, y son aptas para casi todos los públicos. El Sorrosal, el Castillo del Cid o el Tajo de Ronda son vías de este estilo.

Ferratas deportivas
Se desarrollan en paredes verticales o desplomadas, con abundantes grapas y elementos como puentes colgantes o escaleras. La progresión es vertical o diagonal, y suelen tener un enfoque técnico y físico. Las Buitreras, Redován o Callosa del Segura entrarían dentro de esta descripción.

Ferratas técnicas o psicológicas
Aunque no siempre son físicamente duras, estas vías pueden suponer un reto por su exposición al vacío, tramos aéreos o secciones en las que el componente mental juega un papel clave. Requieren seguridad en uno mismo y buena gestión del miedo. Callejo Madero o Sobrón pertenecen a este estilo.

Ferratas exigentes o extremas
Reservadas para personas con mucha experiencia. Acumulan tramos difíciles y largos muy físicos, con pocas posibilidades de descanso. En ellas, una buena planificación y forma física son esenciales. Cágate Lorito o Peñarruscos son las vías más duras de este libro.

CÓMO LEER UNA VÍA FERRATA ANTES DE RECORRERLA

Antes de emprender una vía, conviene reunir la máxima información posible. No se trata de quitarle emoción al recorrido, sino de poder enfrentarlo con criterio y seguridad.

1. Consulta la ficha técnica
Todas las ferratas tienen una ficha que detalla:

- Nivel de dificultad (K1 a K6)
- Longitud y desnivel
- Duración estimada (incluyendo aproximación y regreso)
- Tramos destacados (desplomes, puentes, escapes)
- Equipamiento y estado

Este primer vistazo te ayudará a saber si es una vía adecuada para ti, para tu grupo o para el día que has elegido.

2. Revisa el croquis
Un buen croquis —aunque sea esquemático— ofrece una visión general del recorrido, las zonas clave, los puntos de reposo o escape y los elementos singulares. Es muy útil para anticipar los tramos más exigentes o para saber dónde hay que gestionar bien las fuerzas. También te da una idea del recorrido para no perderte en la pared. Suele haber un panel informativo al inicio o en el parking de las ferratas.

3. Lee reseñas y experiencias recientes
Foros especializados, webs de montaña o aplicaciones como Wikiloc, Komoot o Vertical Life pueden ofrecer valoraciones actualizadas de personas que han recorrido la vía recientemente. Presta atención a comentarios sobre el mantenimiento, el desgaste del equipamiento o condiciones particulares (agua, barro, vandalismo, etc.).

Nosotros antes de subirnos a cualquier vía siempre revisamos las páginas:

- www.deandar.com
- www.rocjumper.com
- https://ferratashierroyroca.blogspot.com/

Y por supuesto, los vídeos del canal de Javier Producciones que tanto nos ha ayudado: https://www.youtube.com/@topojavi1.

Por último, es recomendable hacer una búsqueda de la página oficial para chequear las temporadas, restricciones, pago...

4. Valora tu situación personal

No hay vía perfecta, pero sí hay vías adecuadas para ti hoy. Reflexiona con honestidad:

- ¿Tienes experiencia reciente?
- ¿Te sientes físicamente preparado?
- ¿Cómo es la meteorología prevista?
- ¿Conoces la vía o vas acompañado de alguien que la ha hecho?

Recuerda: A veces es más sabio esperar o elegir una ruta más sencilla que afrontar algo que te supere. Las liadas en la montaña no son agradables para nadie.

ALGUNAS COSAS QUE LA DIFICULTAD NO SIEMPRE CUENTA

Aunque el grado K es una buena referencia, hay factores que no siempre quedan reflejados en la escala:

Exposición psicológica: Una vía puede no ser técnica pero sí muy aérea, lo que afecta especialmente a personas con vértigo. Nosotros siempre tratamos de hablar del factor psicológico, que puede bloquear a algunas personas con un ataque de pánico. Cuando terminamos de describir este libro, corría la noticia de un rescate por ataque de pánico en la ferrata de los puentes de La Hermida.

Equipamiento: Vías con peldaños deteriorados, cables flojos o anclajes envejecidos pueden hacerse mucho más exigentes. Todas las que están planteadas en este libro se encontraban en perfectas condiciones en el momento de hacerlas.

Condiciones climáticas: La lluvia, el hielo, el viento o el calor extremo pueden convertir una vía sencilla en un recorrido comprometido.

Accesos y retornos: A veces el trayecto para llegar o regresar es más complicado que la propia ferrata. No son pocas las veces que volviendo al coche hemos dicho: «El K5 está aquí».

EN RESUMEN

Leer bien una vía ferrata antes de emprenderla es una forma de cuidarte y de cuidar a quienes te acompañan. Entender el grado de dificultad, el tipo de vía y lo que puedes esperar en ella te permite tomar decisiones con más conciencia y disfrutar más plenamente de la experiencia.

En la ferrata, como en muchas cosas en la montaña, no hay prisa. Lo importante no es cuántas vías has hecho, sino lo que has aprendido y disfrutado en cada una. Y si una ruta no es para ti hoy, lo será más adelante. La montaña siempre estará ahí.

USE CABLE
CE 0082
EN 12278
UIAA
A0522

MATERIAL NECESARIO PARA HACER VÍAS FERRATAS

Seguridad y consejos prácticos

Cuando te lanzas a una vía ferrata, más allá de las ganas y esa adrenalina que te pone los pelos de punta, necesitas preparar bien tu equipo. La seguridad —y la diversión— dependen en buena medida del material que llevas, de su calidad y de cómo lo utilizas. Para aclararlo, lo dividimos en tres categorías: kit básico, material específico y sistemas avanzados de seguridad y comunicación. Así, podrás entender qué es imprescindible, qué puede salvarte en vías más técnicas y qué no debería faltar para una experiencia segura y sin sustos.

KIT BÁSICO: LO IMPRESCINDIBLE PARA CUALQUIER FERRATA

Esta es la lista de materiales que debes meter en tu mochila siempre, sin excusas. Es el *must-have* para garantizar tu seguridad en cualquier vía, sea fácil o difícil.

Casco: Fundamental para proteger tu cabeza frente a posibles golpes o caída de piedras. Es importante que sea cómodo, ajustado y con buena ventilación. Recuerda que la protección de la cabeza nunca debe ser un elemento en el que escatimar. Hay que llevarlo puesto incluso antes de subirnos a la ferrata, al acercarnos a la pared, porque pueden caer piedras en cualquier momento. Nosotros, por ejemplo, tuvimos un pequeño desprendimiento antes de empezar la ferrata de La Hermida y mi casco se llevó una buena pedrada que me salvó de un mal rato...

Arnés: Esencial y clave para la seguridad. Debe ajustarse bien, ser resistente y tener puntos de anclaje fuertes. Revisa siempre que esté en perfectas condiciones antes de usarlo, y úsalo con confianza para disfrutar sin riesgos.

Disipador: Su función principal es absorber la caída en caso de resbalar o tener una caída accidental. Asegúrate de que esté en perfectas condiciones, limpio y que funcione correctamente. Los disipadores suelen venir con un mosquetón de seguridad automático en cada extremo, para facilitar la conexión rápida y segura.

En cuanto a los modelos, cabe decir que hay varios tipos que, según el precio, van añadiendo funciones:

- El básico sería, por ejemplo, el modelo Camp de la figura, con las cintas rígidas y mosquetones que se abren con la pieza de plástico.

- Se puede añadir un poco de confort y utilidad con un modelo como este que tenemos de Edelrid (● 1), que tiene las cintas elásticas y los mosquetones automáticos con el cierre en la palma de la mano con un tamaño muy grande, es tremendamente cómodo y práctico. Que las cintas sean elásticas permite que sean más largas que el modelo de Camp (● 2), por ejemplo, cuando se estiran, mientras que quedan más pegadas al cuerpo cuando vamos por las aproximaciones y no lo estamos usando. Que sea más largo puede ser determinante en algunas vías que te llevan al límite por su dificultad, y que se acorte puede evitar que nos enganchemos la rodilla en alguna bajada caminando (● 3), un accidente más habitual de lo que imaginas. Para evitarlo, los podemos llevar recogidos detrás de la cabeza como se ve en la figura (● 4).

- Por último, existe una modalidad con todos los extra, como el Scorpio de Petzl (● 5). Tiene las cintas elásticas, los mosquetones con cierre de mano —como el de Edelrid pero más pequeño y menos cómodo— y además este modelo añade un sistema de giro para desenroscar las cintas y un pequeño cabo de anclaje al que puedes añadir un mosquetón para hacer algún descanso (● 6). Es cierto que nos estamos colgando sobre el disipador, pero este aguanta 120 kg normalmente antes de que empiecen a saltar las costuras; si lo usamos para descansar, coger agua o hacer una foto, mientras apoyemos la mayoría de nuestro peso en los pies no hay problema. En cambio, no lo recomiendo tanto para quedarnos colgando en un desplome o meterle demasiado peso.

Por cierto, ¿sabes cómo funciona un disipador? Tiene un montón de costuras perpendiculares que van saltando y descosiéndose como una cremallera en el caso de caída frenando poco a poco y suavizando el choque con el arnés y la cadera (● 7). En mi caída (suave) de Miraveche-Silanes, escuché cómo saltaban dos de esas costuras. Los disipadores son de un solo uso, porque cuando se rompen las costuras no se pueden recomponer y dejan de amortiguar. Podemos recuperar los mosquetones, pero la cinta queda inservible.

Cabo de anclaje: Aunque el disipador puede servir para anclarnos a la pared, a nosotros nos gusta llevar siempre un cabo de anclaje de longitud regulable para quedarnos colgados a gusto en caso de necesidad (● 8). Es muy útil para otras cosas, como, por ejemplo, alargar el disipador en un puente que de repente tiene la línea de vida demasiado alta... Nunca sabes cuándo pueden surgir los imprevistos.

Aunque hemos añadido el cabo en esta parte del kit básico, realmente es un elemento prescindible en el caso de entrar en una ferrata corta y sin dificultad.

Guantes: Muy recomendables al agarrar grapas, cables o cordajes con buen tacto, además de protegerte de rozaduras y golpes con la infraestructura (● 9). Si solo se va a hacer una ferrata corta y fácil pueden ser prescindibles, pero en el momento en que la cosa se alarga y se complica pueden resultar determinantes. Nuestro primer viaje fue a La Hermida, solo llevamos unos aros de cinta para alargar el disipador en el puente y los tres elementos imprescindibles (casco, arnés y disipador). El primer día al atardecer hicimos la de La Hermida y el segundo El Milar y un intento a Peñarruscos (K6). Cuando bajamos de la Vía Ferrata de Peñarruscos teníamos las manos destrozadas, incluso dolor en los huesos de los dedos, entendimos la importancia de los guantes para jornadas intensivas en la pared. Los guantes deben ser cómodos y permitir cierta sensibilidad en los dedos. Es fundamental que las primeras falanges queden al aire para los tramos con agarres a roca. A nosotros el modelo de Decathlon nos parece perfecto: barato y práctico en extremo.

Zapatillas: Las zapatillas son tan importantes como el resto del equipo. Tienen que ser cómodas, con suela adherente y resistente y con la parte superior que aguante rozaduras y golpes tanto con paredes y hierros como con raíces y ramas durante la aproximación. A nosotros nos encantan las de Trail running de La Sportiva, como las Akasha o las Akira, que ofrecen gran adherencia, firmeza y comodidad. La suela es muy blanda y adherente, eso implica que se desgaste antes, pero es muy útil en los pasos en los que hay que progresar sobre la roca natural.

Este kit básico es suficiente para hacer casi cualquier ferrata de dificultad moderada o sencilla, con las medidas de seguridad imprescindibles y sin complicaciones técnicas adicionales.

MATERIAL ESPECÍFICO: PARA VÍAS MÁS TÉCNICAS O SITUACIONES ESPECIALES

Este grupo de materiales no es imprescindible en una ferrata básica, pero sí en vías con obstáculos más específicos, zonas de mayor dificultad o condiciones de emergencia.

Polea para tirolina: Para las tirolinas de cable de acero es necesario una polea *Doble Tandem Speed* para correr por el cable. A esta polea nos anclamos con un aro de cinta que debe ser corto, lo suficiente para que podamos alcanzar el cable y remar en el caso de no llegar o no ser capaces de agarrarnos al punto de aterrizaje (10-20 cm). En caso de no llegar al cable para remar, nos quedaremos colgando como unos chorizos esperando el rescate. Por otra parte, existe el caso de las tirolinas mal equilibradas, que literalmente nos estrellan contra la pared de destino. Cuando cruzamos una tirolina rápida y sin control, puede ser peligroso si no frenamos adecuadamente. Para esas situaciones, un mosquetón de freno de acero ayuda a gestionar mejor la velocidad y evitar impactos violentos o golpes contra la pared. Varios accidentes durante la producción de este libro en el Castillo del Águila de Gaucín o en Cágate Lorito acabaron con sendos moratones, heridas y esguinces que avalan la necesidad de este sistema de frenado.

Mochila técnica: La mochila no es un elemento fundamental en las ferratas más sencillas, pero puede formar parte del equipo básico en el momento en el que la actividad se alarga y hay que llevar agua, o se complica y necesitas una cuerda por seguridad o para montar un rapel. La mochila debe ser ligera y ajustarse perfectamente a la espalda, con buenos agarres para la cintura y el pecho, para mantenerla siempre pegada al cuerpo, sobre todo en los desplomes, que te puede tirar hacia fuera. La distribución del peso es fundamental, hay que dejar los objetos más pesados en la parte inferior, pegados a la cadera.

Frontal: No son pocas las veces que se nos ha hecho de noche durante el descenso de alguna ferrata. También es cierto que nosotros solemos apurar la luz para hacer fotos al atardecer... Por eso el frontal se ha convertido en una pieza básica del equipo que nos acompaña a cualquier lugar: sin luz no podemos hacer nada... Además, hay varias ferratas en el libro que lo requieren, y muchas veces encontramos cuevas inesperadas como la de La Hermida o la de la Presa de los Caballeros.

Cuerda de apoyo: Llevar una cuerda de autorrescate o abandono puede salvarte en pasos complicados. Nosotros llevamos una cuerda de escalada de 60 m y 8,5 mm de diámetro. Sirve para montar un rapel de abandono o asegurar un paso técnico en el que da miedo una posible caída al cambiar el disipador. Nos ha servido también para rescates en tirolinas como la de El Bolón, donde Christel se quedó colgando como un chorizo por llevar el cabo de anclaje demasiado largo.

Sistema de rapel: En ferratas con tramos de descenso verticales o desplomados sin equipar, es imprescindible llevar una cuerda que cubra la longitud del tramo para montar un rapel seguro. Además de la cuerda, el equipo necesario sería un ocho, cesta o descensor, un mosquetón de seguridad y un sistema de autobloqueo por si hay que hacer una parada en medio del descenso o hay algún problema. Para el autobloqueo se pueden usar tanto un cordino de 7 mm para hacer un nudo machard como un pato (shunt) con un cordino de 3 mm para desbloquearlo en caso de parada. De esta manera tendremos una seguridad extra y, sobre todo, control en los momentos delicados.

SISTEMAS DE SEGURIDAD AVANZADA: TECNOLOGÍA Y COMUNICACIÓN

Lo primero tenemos que recomendar encarecidamente es que si te lanzas a la aventura de las ferratas, dispongas de un buen seguro. Puede ser uno específico para un día de actividad o darte de alta en la federación de montañismo (FEDME) para temporadas. Dentro de que las vías ferratas tienen un sistema de seguridad eficaz, es posible tener caídas, golpes, roturas y ataques de pánico... Estamos realizando una actividad de riesgo, muchas veces en lugares remotos, que pueden implicar el uso de helicópteros para realizar un rescate. Un buen seguro es más que recomendable y obligatorio en algunos casos, como en Cuenca o Alicante, por ejemplo.

Para garantizar la seguridad en vías largas, en zonas aisladas o en las que quieres tener un control extra, existen sistemas tecnológicos que son de utilidad:

Sistema In Reach de Garmin o similares: Un dispositivo GPS con función SOS vía satélite que permite pedir ayuda en caso de accidente, incluso sin cobertura de teléfono. Es muy recomendable en vías de cierta dificultad o en zonas remotas, donde una llamada convencional puede no llegar.

Relojes inteligentes con detección de caídas y SOS: Modelos como el Apple Watch Ultra conectado a un iPhone, a partir del modelo 15, detectan golpes fuertes, caídas o movimientos irregulares y envían la señal de socorro vía satélite. Determinante si estás en un lugar sin cobertura.

TU EQUIPO, TU MEJOR ALIADO

Al final, todos estos consejos se resumen en una cosa: tu equipo, bien preparado, en buen estado y usado con cabeza, será tu mejor aliado en la montaña. No escatimes en material, revisa todo antes de salir, y si tienes dudas o quieres ir más allá, busca formación. La seguridad, la responsabilidad y el disfrute son las tres patas que sostienen esta aventura fascinante que es hacer vías ferratas. Nosotros nos hemos lanzado a este mundo vertical después de muchos años de hacer montaña y escalada, después de aprender de la sabiduría de compañeros y algunos cursos con guías. Aun así, no dejamos de aprender después de cada día de aventura, la experiencia es un grado.

En caso de no contar con el conocimiento suficiente, aconsejamos contratar un guía local que dirija la actividad velando por nuestra seguridad y la de los compañeros de aventuras. Realizaremos la actividad con tranquilidad y además apoyaremos a la economía local.

Recuerda siempre que la montaña puede ser un paraíso, pero también un lugar donde un pequeño descuido puede convertirse en un problema grave. Tú decides cómo quieres vivir esa experiencia para ser parte de la solución, no del problema.

TÉCNICAS DE PROGRESIÓN EN VÍAS FERRATAS

O cómo no liarla colgado de una pared

Las vías ferratas son una mezcla entre senderismo con vistas y escalada con «ayudas». Te permiten subir paredes, cruzar puentes entre montañas y colgarte a metros del suelo sin ser un escalador profesional. Pero, ojo, que estén preparadas no significa que podamos ir en chanclas y sin saber lo que hacemos. Como en casi todo en la montaña, lo mejor es saber cómo moverse... y hacerlo con cabeza.

Aquí te contamos lo básico para progresar en una vía ferrata sin acabar abrazado a una grapa como un koala.

LO PRIMERO: ¿QUÉ ES ESO DE «PROGRESAR»?

En este contexto, «progresar» significa moverse hacia delante, subir, cruzar o avanzar por la vía de forma segura y controlada. Lo harás gracias a los peldaños, grapas, cables, cadenas y demás hierros amablemente puestos por gente que piensa que colgarse de una pared puede ser divertido. Y lo es, si sabes cómo.

REGLAS FUNDAMENTALES (¡GRÁBATELAS A FUEGO!)

Siempre siempre siempre atado al cable de vida
El cable que recorre toda la vía es tu línea de vida. Vas enganchado a él con el disipador. Si te resbalas o te fallan las fuerzas, será lo que evite que acabes con cara de susto y magullado. Así que, sin excusas: siempre enganchado.

Tres puntos de apoyo mínimo
Es la ley de oro de la progresión: tres puntos en contacto (dos pies y una mano, o dos manos y un pie), y el cuarto se mueve. Eso te da estabilidad y te evita

sustos. No te cuelgues como si fueras un chimpancé: reparte el peso en las piernas, se agradece.

Los brazos no son para colgarse
Tus brazos se cansan más que tus piernas. Así que apóyate en los pies, mantén el cuerpo cerca de la pared y usa los brazos solo para equilibrar y avanzar, no para quedarte colgado. Las piernas siempre se mueven primero la mayoría de las veces.

CÓMO USAR EL DISIPADOR CON SEGURIDAD

Tu disipador es tu mejor amigo. Va conectado a tu arnés y al cable de vida. Se une con un nudo de alondra, pasando los mosquetones por dentro del aro del principio del disipador y dejando el anillo ventral enmedio. Se puede atar al anillo ventral o a los dos aros del arnés

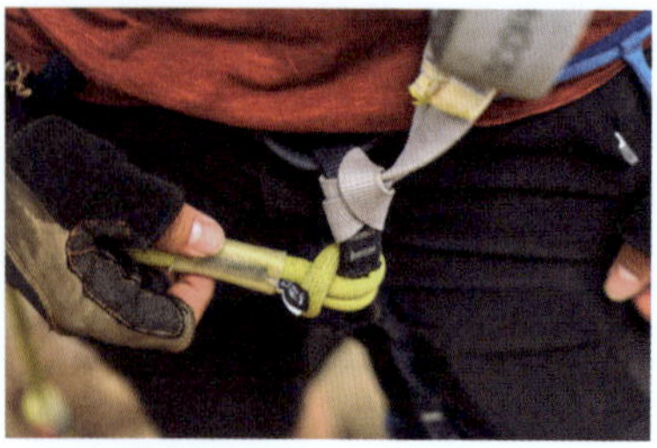

si te quedas más tranquilo. Tiene dos mosquetones que, a medida que subes, debes ir cambiando de tramo en tramo: primero uno y luego el otro.

Norma sagrada: Cambia uno, luego el otro. Nunca los dos a la vez. Nunca. Ni por accidente. Si lo haces, aunque sea un segundo, estarás sin protección. No es eso lo que quieres.

Idealmente se deben poner los mosquetones cambiados, que uno mire hacia cada lado, como en la figura, para evitar que se puedan abrir de forma accidental con un golpe en la pared. Es verdad que eso me parece más que difícil, pero más vale prevenir... Si tienes clara la dirección del cable, es mejor que la parte rígida esté contra la pared.

SUBIR EN VERTICAL: NI TAN FÁCIL NI TAN DIFÍCIL

Las partes verticales son las que más imponen. Pero tranquilo: si hay grapas, solo es cuestión de no subir como un gato asustado. Consejos prácticos:

- Mira bien dónde pones los pies. A veces hay peldaños escondidos o un pequeño saliente de roca que te salva el día. Y recuerda, los pies avanzan primero.

- Mantente pegado a la pared. Si te dejas caer hacia atrás, harás más fuerza con los brazos y te cansarás el doble. La mochila debe estar bien pegada a la espalda y la cadera a la pared, a ser posible, con los brazos estirados y relajados.

- Y si te quedas bloqueado: respira, mira a tu alrededor y busca el próximo paso lógico.

TRAVESÍAS: HORIZONTALES PERO, A VECES, TRAICIONERAS

Cuando el cable va en horizontal o ligeramente en diagonal, la sensación es más tranquila, pero no te confíes. Estas zonas pueden parecer fáciles, pero exigen equilibrio y algo de intuición. Busca buenos apoyos y no te cuelgues del cable como si fuera una tirolina.

Es muy importante que los pies vayan primero, porque si tiramos los brazos y el cuerpo, es probable que hagamos «la puerta» y que con ella perdamos el equilibrio y caigamos en el peor de los casos... Aunque, desde luego, siempre será más cansado. Esta regla es válida si la travesía es horizontal y sobre todo si es descendente, pero en caso de ser ascendente, es posible que te pida que los brazos vayan primero. Lo más importante es escuchar a la pared y a tu cuerpo, sentir qué pasa con los cambios de peso. Con un poco de práctica serás capaz de bailar con la pared.

DESTREPES: HACIA ABAJO, PERO MÁS CANSADO

Bajar siempre es más difícil que subir, aunque solo sea porque no ves bien dónde estás poniendo los pies. La regla es asegurar bien el siguiente paso y dejar el peso sobre ese pie antes de avanzar. Puede dar más impresión, como dijo Ana en Callejomadero al cambiar el disipador: «Esto es chapar para matarse», porque en vez de sentirte más seguro al cambiar el disipador, miras a los ojos a la posible caída.

PUENTES COLGANTES: EMOCIÓN Y EQUILIBRIO

Llegamos al circo: puentes mono, tibetanos, pasarelas... Aquí todo es mental.

- Mira al frente, no al abismo.
- Pasos cortos y firmes. No te lances a correr.
- Usa las manos en los cables laterales y los pies centrados. Si se mueve mucho, relaja las rodillas.

Y sí, puede que alguien delante empiece a temblar. Dale su espacio. No es el momento de presionar, ¡paciencia!, en la mayoría de los puentes solo puede pasar uno cada vez.

TIROLINAS: QUE NO SE TE OLVIDE LA POLEA

Si hay tirolina, asegúrate de tener una polea adecuada para ferrata (no todas valen, como hemos visto en la sección de material). El cabo de anclaje tiene que ir muy corto, para que los brazos puedan llegar al cable en caso de tener que remar para llegar al final. Los mosquetones del disipador pueden ir encima de la polea o en otro cable en caso de haber dos. Pero para frenar no debemos friccionar el mosquetón del disipador, se revienta; para esos menesteres usa un mosquetón de acero que solo sirva para eso, para destruirlo a gusto y que tu vida nunca dependa de estar colgado de él. Las tirolinas son el punto más peligroso de una ferrata, se puede alcanzar mucha velocidad y se generan situaciones de descontrol con posibles aterrizajes forzosos. Nosotros nos hemos estampado en varias ocasiones a lo largo de este libro, lánzate con cabeza.

RAPELES: MIRANDO AL VACÍO

Algunas ferratas requieren de rapeles en algún momento para progresar, como Callejomadero o Redován. Otras

harán que la experiencia te resulte más sencilla, como Callosa del Segura, para evitar el descenso desplomado. En la foto, Miriam sujeta el final del cabo, si tira y deja la cuerda tensionada, el rapel se detendrá inmediatamente, es una forma de asegurar al compañero. Nosotros llevamos una cuerda para poder hacer un escape de emergencia. Pero la técnica de rapel requiere más experiencia, no se trata de leer cuatro cosas en un apartado de técnica para colgarte de una reunión. Recomendamos algo de formación extra antes de usar esta técnica de progresión, es muy peligroso y además de tus cinco sentidos necesitas conocimiento sobre material, nudos... Grandes escaladores como Brad Gobright perdieron la vida en una maniobra de rapel por un descuido.

CANSANCIO Y DESCANSOS (SÍ, TAMBIÉN VALE PARAR)

En algunos tramos te vas a cansar, y está bien. Lleva contigo un cabo de anclaje auxiliar para descansar colgado de forma segura. Lo conectas a una grapa o a un punto fijo y puedes soltar manos, beber agua o simplemente recuperar. En los desplomes te puede ayudar acortar el cabo de anclaje para progresar y avanzar hasta la siguiente grapa; pero no abuses de esto, porque luego hay que quitar el mosquetón de la grapa, esto te desgastará los brazos casi más que subir del tirón.

Lo que no debes hacer nunca es colgarte directamente del disipador para descansar. No está pensado para eso, y si caes, el susto será serio. El disipador aguanta 120 kg, pero es mejor no sobrecargarlo. En caso de usar su cabo de anclaje (si lo tiene, como el Scorpio de Petzl), que sea solo para liberar un poco de peso, o equilibrar, no ejerzas demasiada presión sobre él.

¿VAS EN GRUPO? RESPETA LA DISTANCIA

La montaña no sabe de prisa. Si vas con amigos (o con desconocidos simpáticos), deja espacio entre uno y otro. Lo ideal es tener al menos un anclaje entre personas. Así, si alguien se cae o se atasca, no arrastra a los demás como fichas de dominó.

Y, sobre todo, habla. «Cambio mosquetones», «Voy», «¿Todo bien?», «Espera un poco»... La comunicación en la pared evita líos y hace la experiencia más divertida.

EN RESUMEN (O CÓMO NO CONVERTIRTE EN ANÉCDOTA)

Hacer ferratas es una aventura: combina deporte, paisaje, adrenalina y un poquito de vértigo bien llevado. Pero como toda buena aventura, necesita técnica, cabeza y respeto.

- Usa bien tu equipo.
- No tengas prisa.
- No te confíes.
- Aprende, observa y disfruta.

Y si el día acaba con tus brazos temblando, las manos rojas y el casco torcido, felicidades: ¡has vivido una vía ferrata como se debe!

CONSERVACIÓN

Ya hemos hablado de cómo la creación de las vías ferratas afecta al turismo y lo que eso puede implicar, pero hay un tema claro que siempre sale a la palestra cuando salimos a la montaña con una actividad en mente: ¿cómo hacemos para que nuestra actividad no dañe el entorno? Como fotógrafo de aventura y guía de viajes, sé lo importante que es disfrutar de la montaña, sentir esa libertad en plena naturaleza, pero también que debemos ser conscientes de cómo nuestras acciones pueden dejar huella en ese rincón tan especial. Las vías ferratas son increíbles: nos abren puertas a lugares que parecen inaccesibles y nos permiten vivir experiencias únicas, pero si no vamos con cuidado, podemos dejar marcas que dañan la flora y la fauna que tanto queremos proteger. Por eso, debemos ser respetuosos con ese entorno, por ella misma, por nuestro propio futuro y por todos los que quieren descubrirlo igual que tú y yo.

Para empezar, hay que comprender que nuestra presencia en espacios naturales no está exenta de impacto, aunque muchas veces no lo veamos a simple vista. Aquí te comparto algunos de los puntos en los que, sin darnos cuenta, podemos estar dañando ese bello paisaje:

La vegetación y los hábitats en riesgo
Piensa en las plantas endémicas, pequeños arbustos o helechos que llevan siglos allí. Cuando montamos una vía ferrata, o simplemente pasamos por caminos no señalizados, estamos pisando y dañando esas plantas. Como fotógrafo, sé lo que cuesta encontrar ese rincón perfecto sin alterarlo, y eso también se aplica cuando estamos en actividad: debemos cuidar esas plantas y árboles que, en muchas ocasiones, no volveremos a ver.

La vida silvestre, en pausa
Los animales en su hábitat están atentos, adaptados a su rutina diaria. Cuando llegamos, el ruido, nuestras voces o movimientos bruscos pueden asustarlos y hacer que huyan, quizás para siempre. Aunque pensemos que es algo mínimo, en zonas donde las especies son muy sensibles o están en peligro, nuestro paso puede ser un golpe muy duro para ellos.

Residuos y basura, el enemigo invisible
Estamos en medio de la naturaleza y no siempre hay un sistema de gestión de residuos cerca. Botellas, restos de comida, pañuelos..., toda esta basura no solo ensucia el lugar, sino que mata plantas

y afecta a los animales. Lo que podemos hacer, como amantes de la montaña, es llevar siempre una bolsa para recoger nuestra basura, e incluso, si vemos que alguien ha dejado algo, recogerlo y devolverlo a casa con nosotros. ¡Eso marca la diferencia!

La sobrecarga y el uso masivo

Cuando llegan muchas personas a un mismo lugar, la presión sobre el entorno es brutal. Los caminos se ensanchan, los puntos de descanso se llenan y todo eso acelera el deterioro. En algunos casos, esto puede provocar molestias para los vecinos o incluso daños irreparables en los espacios que tanto hemos querido cuidar. No se trata de quedarnos en casa para evitar dañar, sino que lo que necesitamos es actuar con conciencia, respetando y eligiendo cuándo y cómo disfrutamos de ese paraíso.

¿Y qué podemos hacer para reducir ese impacto y cuidar nuestro entorno?

Elige rutas responsables y menos concurridas

Antes de lanzarte a una vía ferrata, investiga un poco. Busca esas que, aunque sean menos conocidas, tengan buenas condiciones y sean respetuosas con el entorno. No se trata de dejar de hacer las más famosas, suelen ser las más chulas, son famosas por algo, sino de dar una oportunidad a otras menos transitadas, que también ofrecen experiencias sorprendentes y ayudan a aliviar la carga en zonas delicadas.

Respeta las normas y señalizaciones

Las señales están ahí por algo, no son molestias. Son guías para disfrutar sin dañar. Sigue siempre los caminos señalizados y evita salirte de ellos. Cuando pisamos lugares no señalizados, estamos creando nuevos caminos y dañando la vegetación y la vida que allí habitan. Mantenerse en el sendero oficial ayuda a proteger ese rincón especial para que siga hermoso y en buenas condiciones para todos los que quieran visitarlo en el futuro.

Mantente en los caminos y zonas señalizadas

Siguiendo en el hilo del punto anterior, está bien insistir sobre el hecho de que salirse de los caminos puede dañar plantas delicadas y acelerar la erosión del suelo, dejando huellas que tardan años en recuperarse. Cuando recorres caminos marcados, ayudas a proteger el paisaje y a evitar que la actividad humana cause daños irreparables, asegurando que otros también puedan disfrutar de esa belleza natural en el futuro. Detrás del dicho *sin atajo no hay trabajo* hay una consecuencia: atajar acorta el camino, pero crea nuevos senderos con la destrucción que eso implica.

Evita hacer ruido excesivo

Ser respetuoso también significa mantener un volumen bajo. El ruido molesta a la fauna y puede estresarla o hacer que huya. La próxima vez que estés en la montaña, habla en voz baja y evita gritar o hacer ruidos fuertes. Disfruta del silencio y la calma que te brinda la naturaleza, porque esa tranquilidad también es parte de su magia y de la experiencia que quieres vivir.

No molestar a la fauna

Los animales en su entorno natural tienen un ritmo, una rutina que han aprendido a lo largo de años. Cuando nosotros llegamos y hacemos mucho ruido o los perseguimos, alteramos ese equilibrio. Lo mejor es mantener siempre distancia, no tratar de tocarlos ni molestarlos, y dejar que hagan su vida tranquila. Respetar su espacio y su calma nos permite volver a verlos en futuras visitas, disfrutando de ese rincón especial en paz.

Informarse previamente sobre la zona

Antes de lanzarte a una vía ferrata, investiga un poco. Conoce si hay zonas protegidas, restricciones o temporadas en las que no conviene visitar. Esto te permitirá planificar mejor y actuar con más conciencia. La información previa ayuda a evitar errores que puedan dañar el entorno y también asegura que tú puedas aprovechar al máximo tu día en la montaña sin dejar una huella innecesaria. Hay algunas ferratas como Las Buitreras o Cala del Molí que directamente cierran en época de nidificación.

Planificar la visita en función del clima y la conservación

El clima y la época en que vas tienen mucho que ver con el impacto que puedas generar. En temporada de lluvias o en épocas de mucho uso, el suelo y las plantas son más vulnerables. Siempre que puedas, consulta la previsión meteorológica y las recomendaciones locales antes de salir. Así, evitarás machacar zonas en momentos críticos y ayudarás a que esa belleza se conserve en las mejores condiciones, para que puedas seguir disfrutándola siempre.

VÍAS FERRATAS

1

La Hermida, Cantabria

LA HERMIDA

Mira el vídeo de esta ferrata

LOCALIZACIÓN

Nos encontramos en Cantabria, en la famosa zona de La Hermida, un paraíso vertical con un impresionante desfiladero y mucha aventura para los amantes de las vías ferratas. Aquí no hay una, ni dos, ¡sino cuatro! A saber: El Milar, la Escalera al Cielo, Peñarruscos y La Hermida o la de los puentes, que ofrece varios desvíos y alternativas múltiples como un puente tibetano y una cueva gigante.

Esta zona te da muchas alternativas; muy cerca de aquí hay una joya que recomendamos ir a visitar: la ermita de Santa María de Lebeña, del siglo x. Está muy bien conservada, próxima a la carretera y es una parada perfecta si te sobra tiempo o esperas una ventana de buen tiempo, como fue nuestro caso.

Esperando esa ventana de buen tiempo, que ya sabemos que el norte es así, también te recomiendo ir a conocer el centro de interpretación de los Picos de Europa en Tama, donde se exponen algunas fotos de Roberto.

CÓMO LLEGAR

La vía ferrata se encuentra en La Hermida, al final del pueblo. Hay varios parkings donde se puede dejar el coche, casi que cuanto más arriba mejor, pero a veces están completos. Lo ideal sería dejarlo en el que sale en el Google Maps al poner parking ferrata de La Hermida, con las coordenadas: **43°15'09.6"N 4°36'32.2"W.** Está pegado al hotel bal-

FICHA TÉCNICA

DURACIÓN
- **Tiempo de acceso:** 15 min
- **Tempo de recorrido:** 90 min
- **Tiempo de regreso:** 90 min

LONGITUD
- **Longitud total:** 4,5 km
- **Longitud equipado:** 900 m
- **Desnivel total**: 320 m
- **Desnivel equipado:** 90 m

DIFICULTAD
- **Grado:** K3
- **Factor psicológico:** Medio/alto. El puente tan largo y alto da un poco de impresión
- **Desplomes:** No
- **Apto para niños:** Sí
- **Escapes:** Varios escapes que diferencian los primeros tramos con dificultad muy básica

EQUIPACIÓN DE LA VÍA
- **Tirolina:** No
- **Puentes:** 2, hay que llevar un extensor para el disipador porque no se llega bien a la línea de vida

ÉPOCA
- **Estación:** Todo el año
- **Orientación:** N-NO
- **Estado:** Perfecto estado en mayo de 2025
- **Pago:** No

neario y las aguas termales bajo el puente. Desde aquí solo hay que coger la pista de cemento que sale al cruzar la carretera hacia la derecha. Al poco de comenzar la pista encontramos la caseta de alquiler material para las ferratas del desfiladero.

DESCRIPCIÓN

Es una vía catalogada como K2 y K3 dependiendo del recorrido que se escoja. Es cierto que el puente tibetano es largo y está muy expuesto, ya que tiene mucha altura, pero no es una vía ferrata exigente y puede ser interesante para iniciarse en este deporte vertical.

APROXIMACIÓN A LA VÍA

Para empezar, ten en cuenta que hay tres parkings: dos son bastante amplios, perfectos para dejar el coche sin complicaciones. El tercero es más pequeño, pero tiene la ventaja de estar justo al lado de la tienda donde puedes alquilar el material. Además, en la entrada de la vía, hay otra caseta donde también puedes hacerte con todo lo necesario en caso de necesitar algo. Así que, no hay excusas. ¡Al lío!

La senda está marcada con hitos, pero es importante estar atento porque es fácil perder el camino. Este transcurre por una travesía horizontal pasando por un sendero de rocas que bordea la montaña. Desde allí, se ven perfectamente las termas de La Hermida y el río donde nos podremos dar un bañito al terminar (en las orillas del río hay termas naturales abiertas al público).

¡Ojo con esto, ferratero! Hay un punto en el que parece que hay que desviarse hacia la derecha y seguir monte arriba... pero NO: sigue siempre hacia la izquierda.

ASCENSO

Esta era nuestra tercera vez en La Hermida (¡sí, nos gusta mucho!). La segunda vez, trajimos a Ana y a Dani, y justo al comenzar la vía ferrata empezaron a llover piedras desde arriba y aprendimos una lección importante: ¡ponte el casco incluso antes de pisar la roca! Además, durante todo el recorrido hay muchos desprendimientos, ramas y rocas, así que el casco NUNCA es opcional.

La vía comienza con una subida vertical suave que da paso a un sendero empinado. A la derecha aparece el primer escape, llamado Las Piezas, que te puede devolver al pueblo si decides que hoy no es tu día... ¡pero no hemos venido a eso!

Seguimos subiendo en vertical, por una pared con muchas grapas y rápidamente cogemos altura. Luego aparece un segundo escape hacia la derecha, llamado Canal Ería.

Tras pasar un bosquecillo con cuestas suaves, volvemos a girar a la izquierda para enfrentarnos a una pared vertical muy bien equipada. Seguimos en la sección K2, con grapas que nos ayudan a seguir ganando altura (● figura 1).

5

PARTICULARIDADES DE LA VÍA FERRATA

A medida que vas progresando en la vía van apareciendo varias cuevas, dos de ellas de un gran tamaño, a las que te puedes asomar con mucha precaución y disfrutar de estar en las cavidades y las entrañas de la montaña.

Una de ellas es la cueva Jabalí: tras una nueva subida y un sendero entre árboles, llegamos a la cueva: una ventana natural al desfiladero de La Hermida. Una pequeña subida a la derecha nos sitúa en la rampa Carla Garrido: (● figura 2) nos enfrentamos a una pared bastante lavada, donde las grapas están más separadas de lo habitual. Una ascensión con pared tumbada que implica trabajo de piernas y bien de ejercicio para el trasero (● figura 4).

Tras la rampa, subimos por el bosque y llegamos a una bifurcación: si seguimos a la izquierda, subimos a una cueva gigantesca llamada cueva Ciloña. Si vamos a la derecha, nos espera una bajada con rampa resbaladiza y asegurada con cadenas, que nos lleva a otra gran cueva, la cueva Diosu (● figura 3).

El recorrido a la cueva Ciloña (● figura 7) transcurre por subidas verticales con grapas y agarres naturales, y también por un sendero asegurado con línea de vida y mucho bosque. La llegada a la cueva impresiona por las dimensiones ¡Es realmente gigante! Si entras, con mucha precaución y con un buen frontal. Nosotros subimos en el segundo viaje, con Ana y Dani, pero Irene y Mariajo, que no hicieron la ferrata, subieron a buscarnos a la cueva por el sendero de bajada y ¡se trajeron a Saya!, nuestra *border collie*, que no pudo hacer ninguna ferrata... Es el único momento del libro que pudimos compartir con ella.

La cueva Diosu da paso al famoso puente mono. Este es largo, alto, y si tienes la mala suerte de encontrarlo con viento (como nosotros), puede moverse más de lo que te gustaría. Ves el vacío bajo tus pies y todo el desfiladero a más de 90 metros del suelo. Después, tomamos un sendero lateral por la montaña que nos lleva directo al gran puente tibetano.

Dato importante: el cartel avisa que solo pueden estar 4 personas a la vez, separadas por 20 metros. Esto no lo sabíamos, porque siempre hemos pasado de uno en uno, y fue un dato que nos sorprendió.

Otro dato importante: ¡la línea de vida del puente tibetano es muy alta! (● figuras 5 y 6). Recuerdo el atardecer en el que Roberto y yo hicimos por primera vez esta ferrata y donde empezamos a soñar con este libro; bueno, yo me quedé atascada y me costó mucho salir. Por eso, ferratero, alarga con un aro de cinta o con una vaga el disipador y así irás mucho más tranquilo.

La vía termina con una subida vertical final y una placa tumbada (● figura 4) que tiene grapas para las manos y roca para los pies. Esta salida te regala una vista espectacular del valle y del puente tibetano.

La bajada es un poco traicionera: sendero empinado, resbaladizo y mal marcado. Hay que seguir los hitos y mantenerse alerta. La senda va hacia la izquierda con una primera ascensión para luego comenzar a bajar. La ruta termina saliendo a la carretera que nos lleva de vuelta al pueblo.

Sigue la ruta en Wikiloc

Página oficial de la ferrata

CONCLUSIÓN

La Hermida es un lugar maravilloso. Tiene de todo: cuevas, puentes, bosques, el desfiladero que estás viendo todo el tiempo, buena gente y comida rica. Esta vía ferrata, junto con el lugar, es perfecto para comenzar con este deporte, para hacer una vía tranquila con momentos que pueden suponer un reto, y con un entorno fascinante.

1

La Hermida, Cantabria

EL MILAR

Mira el vídeo de esta ferrata

LOCALIZACIÓN

La misma que la vía ferrata de La Hermida (ver página 35).

CÓMO LLEGAR

La vía ferrata se encuentra en el pueblo de La Hermida, justo enfrente de la plaza de los restaurantes. Lo ideal es cruzar el puente con el coche y tirar por la calle que va hacia la izquierda hasta el final. Desde ahí son 3 minutos andando por esa misma pista hasta el comienzo de la ferrata pegado al río. Las coordenadas para dejar el coche son: **43°15,19.4"N 4°36,53.7"W**

DESCRIPCIÓN

En la Vía Ferrata El Milar el río se convierte en tu compañero inseparable durante todo el recorrido. Catalogada como K3, es una ferrata que se puede hacer con familia y peques, y que es muy buena opción como ferrata de iniciación complementando con el K2/K3 de La Hermida.

APROXIMACIÓN A LA VÍA

Aparcamiento en el pueblo con acceso claro y directo al comienzo de la ferrata; el inicio de la vía está muy bien marcado y transcurre por un senderito cubierto

FICHA TÉCNICA

DURACIÓN
- **Tiempo de acceso:** 5 min
- **Tempo de recorrido:** 45 min
- **Tiempo de regreso:** 5 min

LONGITUD
- **Longitud total:** 4,5 km
- **Longitud equipado:** 200 m
- **Desnivel total:** 80 m
- **Desnivel equipado:** 40 m

DIFICULTAD
- **Grado:** K3
- **Factor psicológico:** Medio
- **Desplomes:** No
- **Apto para niños:** Sí
- **Escapes:** No

EQUIPACIÓN DE LA VÍA
- **Tirolina:** Sí, perfectamente equilibrada
- **Puentes:** No

ÉPOCA
- **Estación:** Todo el año
- **Orientación:** SO
- **Estado:** Perfecto estado en mayo de 2025
- **Pago:** No

de césped. ¿Lo mejor? Nosotros fuimos en mayo y ¡nos recibió el olor de las higueras! Una bienvenida aromática para lo que está por venir.

Tras ese paseo que te permite ver todo el valle, llegamos al cartel indicativo que marca el inicio oficial de la vía, con espacio suficiente para equiparse, y para entender a qué tipo de ferrata nos enfrentamos. Allí ya puedes ver el primer puente mono con cadenas (muy cortito) y las grapas que te marcan el camino vertical.

ASCENSO

Comienza una subida vertical algo tumbada (con desplome positivo) ¡perfecta para calentar motores y brazos!, y pronto te encuentras en una travesía horizontal y bastante aérea que bordea la montaña (● figuras 2 y 3). ¿Las vistas? De postal: el río bajo tus pies, el desfiladero de La Hermida enfrente y otras vías míticas como la Escalera al Cielo saludándote desde la distancia (● figura 1).

Después de la travesía horizontal, llega otra subida vertical, más divertida y con agarres naturales en la roca para que puedas jugar un poco, y algún tramo asegurado con cadenas (● figuras 4 y 5). Superado este trecho, el camino desciende hacia el río por un sendero rocoso y bien señalizado, dejándote frente a la estrella final de esta aventura...

¡La tirolina! Sí, la vía se guarda este regalito para el final. Una pequeña plataforma de madera te permite descansar, respirar hondo... y lanzarte. La tirolina está perfectamente equilibrada, es muy segura, y aterrizas suavemente en una roca cómoda. No hay golpe, ni drama. Solo pura diversión (● figura 6 y 7). Para volver al parking, hay dos rutas:

Por la derecha: escalones de piedra que te llevan a la carretera.

Por la izquierda: saltas una pequeña verja, cruzas un prao, y terminas también en la carretera. Ambas opciones son válidas, aunque la de la izquierda quizás sea el mejor camino.

LA SECCIÓN FINAL: ANÉCDOTAS

Y claro, ¿qué sería de una aventura sin sus anécdotas? Este libro nos ha dado varios regalos: poder viajar a lugares nuevos y desconocidos que pertenecen, en muchas ocasiones, a la España vaciada, compartir este libro con amigos que se han unido en muchas de las salidas, y la cantidad de anécdotas que nos ha dado...Unas mejores que otras (hemos estrellado un dron en este proceso de documentación), más divertidas, más curiosas, pero siempre terminamos sonriendo.

En El Milar unos chicos perdieron las llaves del coche y uno de ellos tuvo que repetir todas las ferratas dos veces buscándolas. ¡PERO TODAS! Las cuatro que hay. Nos lo íbamos cruzando cada vez más colorado, más sudado y más desmoralizado...

Al final, cuando nos cruzamos con todo el grupo de chavales, yo les pregunté por los desplomes del K6 ¡y uno confesó que se dio la vuelta porque se «cagó vivo»! Se volvieron al coche sin haber encontrado las llaves.

6

Sigue la ruta en Wikiloc

Página oficial de la ferrata

CONCLUSIÓN

La Vía Ferrata El Milar es perfecta para hacer al mediodía, cuando el sol saca los mejores colores del agua. Todo el desfiladero está rodeado de ganado, naturaleza salvaje y esa sensación de que estás en un rincón especial del mundo. Una vía ferrata divertida, fácil y con el punto justo de aventura.

Mención especial para Ana y Dani, que vinieron por primera vez con nosotros hace un año y medio y esta fue su primera ferrata. La disfrutaron y sufrieron en algunos puntos, y pasaron un poquito de susto (ahora se han vuelto más valientes), pero este sería el comienzo de sus viajes ferrateros a nuestro lado. ¡Muchas gracias, chicos! Por la confianza, la paciencia y la compañía. Os queremos mucho.

7

1

La Hermida, Cantabria

ESCALERA AL CIELO

Mira el vídeo de esta ferrata

LOCALIZACIÓN

La misma que la vía ferrata de La Hermida (ver página 35).

CÓMO LLEGAR

La vía ferrata se encuentra en La Hermida, justo antes de llegar. En este caso, hay que dejar el coche en el mismo pueblo: en el aparcamiento público o en cualquier sitio que encontremos cerca de la Posada de la Cuadrona. Desde la posada hay que ir por la carretera principal hacia el norte pegados a la franja izquierda de la carretera. A escasos 200 metros encontraremos un cartel que indica el sendero que sube hacia la escalera, que coincide con la bajada de Peñarruscos. **43°15,21.4"N 4°36,56.8"W**

DESCRIPCIÓN

Esta vía es perfecta para quienes quieren dar sus primeros pasos entre hierros y alturas. El inicio, de nivel K2, es muy accesible y sin ningún tipo de dificultad. El tramo de la escalera catalogado como K4, es cierto que puede dar más impresión, pero aun así, nos sigue pareciendo muy asequible como toma de contacto con las vías ferratas.

FICHA TÉCNICA

DURACIÓN
- **Tiempo de acceso:** 10 min
- **Tempo de recorrido:** 30 min
- **Tiempo de regreso:** 20 min

LONGITUD
- **Longitud total:** 1 km
- **Longitud equipado:** 150 m
- **Desnivel total:** 70 m
- **Desnivel equipado:** 60 m

DIFICULTAD
- **Grado:** K2, K4
- **Factor psicológico:** Alto
- **Desplomes:** No
- **Apto para niños:** Sí. No es difícil, pero da mucho vértigo
- **Escapes:** No

EQUIPACIÓN DE LA VÍA
- **Tirolina:** No
- **Puentes:** 1
- **Escalera:** 1

ÉPOCA
- **Estación:** Todo el año
- **Orientación:** SE
- **Estado:** Perfecto estado en mayo de 2025
- **Pago:** No

APROXIMACIÓN DE LA VÍA

Justo a las afueras del pueblo se toma el sendero que sube por la izquierda y en un par de minutos, ¡ahí la tenemos!

ASCENSO

El primer tramo catalogado como K2 es una pequeña subida muy sencilla pero entretenida. Tras esto, llega una

4

travesía por una senda que bordea la montaña, y justo después de flanquear un árbol, ¡bam!, un minipuente mono de apenas metro y medio que tiene el agarre para las manos con una cadena (● figuras 2 y 5). Una vez que cruzas al otro peñasco, te espera la protagonista de esta vía ferrata: la escalera al cielo.

La escalera es más firme de lo que aparenta, aunque sí, la parte final se pone juguetona y se mueve un poco más. Los peldaños no están muy separados, lo cual facilita la subida, pero no te confíes: ¡la sensación aérea es real!

LA SECCIÓN FINAL

Tras conquistar la escalera, solo queda un último esfuerzo: una pequeña subida vertical que te lleva directamente al sendero de bajada. Aquí confluye la bajada de la K2 con la K6, y te permite iniciar el descenso hacia el pueblo (la bajada es hacía la derecha). Pero, cuidado... El sendero atraviesa el bosque y la bajada es bastante empinada, con tierra suelta y con mucho resbalón potencial. Pero nada que unas buenas botas y mucho equilibrio no puedan dominar. Eso sí, Roberto y yo tenemos un lema: ¡el primero que se caiga paga las cañas de después!

CONCLUSIÓN

Es una vía ferrata muy entretenida para aquellas personas que quieran iniciarse en este deporte, ya que el primer tramo es muy sencillito. En cuanto a la escalera... es apta para aquellos que no tengan vértigo y sean decididos, asequible yendo despacio y con calma. ¡Nos vemos en las alturas!

1

La Hermida, Cantabria

PEÑARRUS-COS

Mira el vídeo de esta ferrata

LOCALIZACIÓN

La misma que la vía ferrata de La Hermida (ver página 35).

CÓMO LLEGAR

La vía ferrata se encuentra en La Hermida, justo antes de llegar al pueblo. En este caso hay que dejar el coche en el mismo pueblo: en el aparcamiento público o en cualquier sitio que encontremos cerca de la Posada de la Cuadrona. Desde la posada hay que ir por la carretera principal hacia el norte pegados a la franja izquierda de la carretera. Hay que cruzar el puente y a la altura de un paso de cebra buscar un camino que sale a la izquierda hacia las vías de escalada y la ferrata. Antes de llegar a las vías de escalada encontraremos la ferrata pegada a una caseta abandonada. **43°15,19.4"N 4°36,59.4"W**

DESCRIPCIÓN

Catalogada como K6, en su cartel de entrada reza «extremadamente difícil». Y lo es. Como apuntó nuestra querida Ana al terminar la vía: esta es de las que te hacen temblar las piernas (literalmente) y es «la que huele a miedo». La ferrata está llena de retos: desplomes exigentes, grapas bien separadas (porque

FICHA TÉCNICA

DURACIÓN
- **Tiempo de acceso:** 5 min
- **Tempo de recorrido:** 45 min
- **Tiempo de regreso:** 15 min

LONGITUD
- **Longitud total:** 1 km
- **Longitud equipado:** 60 m
- **Desnivel total:** 120 m
- **Desnivel equipado:** 70 m

DIFICULTAD
- **Grado:** K6. Luego la hemos visto en algunas webs como K5. Es dura
- **Factor psicológico:** Alto. Muy vertical
- **Desplomes:** 3
- **Apto para niños:** No
- **Escapes:** No

EQUIPACIÓN DE LA VÍA
- **Tirolina:** No
- **Puentes:** No

ÉPOCA
- **Estación:** Todo el año
- **Orientación:** S
- **Estado:** Perfecto estado en mayo de 2025
- **Pago:** No

¿para qué facilitar las cosas?) y muchos tramos donde tu mejor amigo será la roca y no el hierro.

¡Ojo, ferrateros! no es para principiantes, pero sí para quienes buscan emociones fuertes, arañazos épicos y una buena dosis de adrenalina. Es corta, pero intensa y orientada al sur/sureste así que tiene el sol mañanero garantizado.

APROXIMACIÓN DE LA VÍA

Desde el final del pueblo y dejando a la izquierda el río, sale un pequeño sendero a la altura del paso de cebra (está marcado con carteles) y a 200 metros tras una ligera subida, nos encontramos con el comienzo de la vía. No te despistes, si sigues por el camino hasta el final, llegarás a una escuela de escalada. ¡Ahí no es!

ASCENSO

Es una vía que empieza con una entrada bastante explosiva. De hecho, yo en los primeros tres metros me bloqueé porque sentí como se me petaban los brazos y pensé «Me queda una hora y media así...». El primer desplome calienta motores, pero no te confíes: viene otro con un paso bastante largo donde las técnicas de escalada y saberte mover por la pared son muy necesarias. Las grapas están colocadas con mala leche: hay que estirarse, confiar en los agarres de roca para las manos y las bajitas como yo, dinamizar (no queda otra). Lo cierto es que en este primer tramo de la ferrata en ascensión vertical por un gran paredón es donde te vas a encontrar mayor dificultad (● figura 1).

Uno de los pasos más tensos, al menos para Ana y para mí, incluye una grapa de pie larga, con agarres solo en roca para las manos, y una grapa superior bien lejos y en desplome. ¡Ah! Y para más inri, el cambio de la línea de vida en mitad del desplome: una fantasía. Aquí no vale improvisar: hay que pegarse a la pared y pensar como un escalador (● figura 2).

Muchas secciones exigen usar pies y manos en la roca y pensar un poco los movimientos. Por ejemplo, hay un paso sin grapas donde hay un cortado en la montaña y ves la caída al vacío; justo en medio del cortado hay un saliente en la roca (como una especie de estalactita) al que te puedes agarrar con las manos y talonando con el pie derecho consigues llegar al otro extremo como si estuvieras haciendo un paso de Boulder (● figura 3).

LA SECCIÓN FINAL

Después de estos pasos que requieren mayor dificultad técnica, llegamos a unos canales con desplomes suaves y apoyos en roca, alcanzando un descansillo donde vemos todo el valle. Hemos llegado entonces al último tramo: una pared vertical corta con salida en ligero desplome. En la cima vemos una intersección de la K6 y la Vía Ferrata Escalera al Cielo K2, que comparten descenso hacia el pueblo.

4

CONCLUSIÓN

Sigue la ruta en Wikiloc

Hace dos años, cuando ni siquiera existía la idea del libro, fuimos Roberto y yo a La Hermida, que fue nuestra primera ferrata. Entusiasmados al terminar, fuimos directos a la K6, de la que yo destrepé como pude porque no pasé de las tres primeras grapas...

Dos años más tarde y con el libro en el horno, el plan original no era hacer la vía. Era solo «acercarse a mirar»..., pero claro, una vez allí y pese a que empezaban a caer gotas, el reto estaba ahí, mirándonos a la cara, como dice Roberto. Ana, que ya se olía la jugada, mandó a Roberto a activar el Wikiloc. Resultado: sin pensarlo mucho, ya estábamos colgados en la pared. Sin retorno. Sin descanso. ¡Al lío!

Esta vía ferrata es técnica, retadora y deportiva. Aquí hay que tirar de brazos y confiar en la roca. Un recorrido donde el componente psicológico y la técnica son fundamentales. Os animamos a hacerla y a celebrarlo en los bares del pueblo, donde se come estupendamente.

Gracias, Ana, por conocernos tan bien y saber que cuándo Roberto y yo decimos eso de «solo vamos a acercarnos a ver el inicio de la K6», en realidad significa que vamos directos a meternos de lleno en ella. Menos mal que tú, con toda tu sensatez, nos soltaste ese sabio consejo: «Chicos, poned el Wikiloc a grabar la ruta».

1

Ramales de la Victoria, Cantabria

CALLEJO-MADERO

Mira el vídeo de esta ferrata

LOCALIZACIÓN

La vía ferrata de Callejomadero se encuentra en Ramales de la Victoria, en pleno valle del Asón, una zona del sureste de Cantabria conocida por su paisaje montañoso, sus bosques y su ambiente tranquilo. Ya que estamos de cuevas, se pueden explorar otras dos cavidades impresionantes, esta vez sin los disipadores: Covalanas, con sus famosas pinturas rupestres declaradas Patrimonio de la Humanidad, y Cullalvera, una cavidad de grandes dimensiones que puedes recorrer con visita guiada, iluminada y accesible. Una forma diferente de completar la escapada.

CÓMO LLEGAR

La ferrata Callejomadero se encuentra muy cerca de la población de Ramales de la Victoria. A tan solo cuatro minutos en coche del núcleo urbano encontramos la zona de aparcamiento, en la que caben unos ocho vehículos y donde podremos dejar nuestro coche. Es muy sencillo acceder poniendo en Google Maps: parking ferrata Callejomadero o las coordenadas: **43°15'32.6"N 3°26'21.5"W**

FICHA TÉCNICA

DURACIÓN
- **Tiempo de acceso:** 25 min
- **Tempo de recorrido:** 90 min 2 personas
- **Tiempo de regreso:** 25 min

LONGITUD
- **Longitud total:** 2,7 km
- **Longitud equipado:** 400 m
- **Desnivel total:** 100 m
- **Desnivel equipado:** 80 m

DIFICULTAD
- **Grado:** K5
- **Factor psicológico:** Muy alto por el rapel
- **Desplomes:** 2
- **Apto para niños:** No
- **Escapes:** No

EQUIPACIÓN DE LA VÍA
- **Tirolina:** No
- **Puentes:** 1
- **Estación:** Todo el año
- **Orientación:** Bajo tierra
- **Estado:** Perfecto estado en mayo de 2025
- **Pago:** No

MATERIAL

Para esta vía, aparte del kit básico, hay que llevar cuerda para superar el rapel de 40 m que da acceso a la cueva. Nosotros llevamos dos cuerdas de 60 m de 8 mm que unimos con un nudo pescador, pero se puede rapelar en doble con una de 80 m o la opción que tengamos con nuestro material, lo que es imprescindible saber es que hay que superar un rapel volado de 40 m que te separa de la pared desde el primer momento. Nosotros llevamos también un pato (shunt) para que hiciera de autobloqueo, aunque hay muchas opciones para asegurar el rapel, por ejemplo, generando tensión desde abajo.

Nosotros hicimos la ferrata a mediodía y a esa hora no era necesario el uso del frontal, pero quizá en momentos en los que entre menos luz se haga necesario, es mejor llevarlo por si acaso.

DESCRIPCIÓN

Callejomadero no es una vía ferrata al uso... ¡Nos adentramos en el corazón de la tierra! Esta vía está construida en una cavidad con un rapel de 45 metros que te baja hasta su interior. El cartel informativo te lo deja claro: si no tienes experiencia ni el equipo adecuado, date media vuelta. Pero si estás preparado, ¡a disfrutar!

2

Si bien es cierto que el resto de la ferrata no presenta complicaciones salvo algún que otro desplome (aunque las grapas resbalan por la humedad), el rapel ciertamente hace de esta vía un K5.

APROXIMACIÓN A LA VÍA

El parking está bien indicado, con su cartel informativo, el cual advierte de que sin experiencia ni equipo, mejor no entres en la cavidad. El camino hacia la ferrata es tomando la primera desviación a la derecha. Nosotros fuimos de frente y... error. Tocó volver.

Una vez en el sendero correcto, te adentras en un frondoso bosque siguiendo puntos verdes en los árboles.

DESCENSO

Llegamos a una zona donde ya vemos las grapas de bajada a través del bosque, por una zona empinada, con una pared de unos 20 metros aproximadamente. Una vez que salimos del bosque, enseguida aparece una pared vertical de piedra que comienza a descender hasta una plataforma de roca natural con bastante espacio para montar el rapel. ¡Ya estás dentro de las paredes de la cavidad!

El rapel está equipado con una cadena y una argolla; la verdad es que la sensación al estar ahí anclada es que te estás adentrando en una jungla. Hay humedad, vapor, rocas goteando, por lo que Ana y yo la hemos apodado la cueva que llora... El reflejo con el sol nos permitía ver las gotas de lluvia y el vapor inundar parte de la cavidad.

Para rapelar, ya que no teníamos una cuerda tan larga, tuvimos que unir dos cuerdas con un nudo pescador por la diferencia de diámetros. Roberto bajó primero asegurando desde abajo a Ana y luego fui yo (● figura 2). Sin contratiempos. ¡Este rapel es fantástico! (● figura 1).

ASCENSO

La ferrata asciende por una pared empapada, con grapas llenas de barro, ya que, como digo, en el interior de la cueva hay mucha humedad; hay que avanzar despacio porque resbalan bastante.

La luz del sol entra desde lo alto y revela toda la cavidad, dándole un aire épico al ascenso (● figura 3). Luego viene una travesía horizontal embarrada hacia la derecha que bordea parte de la cueva (● figura 4), donde incluso alguna grapa se mueve.

Y entonces... llegan los columpios-grapa. Un tramo ligeramente desplomado que te zarandea mientras intentas no mirar abajo. Esto termina en una pequeña cueva arcillosa, con barro hasta en el alma, desde donde parte el impresionante puente tibetano que cruza la cavidad de lado a lado (● figura 5).

Una vez que sales del puente tibetano, hay otra pequeña cueva arcillosa y la última subida, que es un tramo vertical, con ligero desplome que serpentea hasta el borde del bosque. Allí, los puntitos verdes de los árboles te guían de vuelta al aparcamiento.

CONCLUSIÓN

¿Te atreves a cruzar un puente tibetano suspendido sobre una cueva mágica? ¿A embarrarte hasta las cejas en una escalada resbaladiza?

La vía ferrata Callejomadero es una experiencia chulísima: rapel de 45 metros, y ascenso divertido y en un lugar fuera de lo común. No apta para principiantes y obligatorio ir con un guía si no se conocen las técnicas para rapelar ni se dispone de material adecuado.
Si vas en primavera, ¡verás como el sol atraviesa el vapor de la cueva y parece que has entrado en otro mundo!

Página oficial de la ferrata

Sigue la ruta en Wikiloc

5

1

Sobrón, Álava

CRESTA DE SOBRÓN

Mira el vídeo de esta ferrata

LOCALIZACIÓN

Aunque Sobrón pertenece a Álava, linda por el sur con Burgos y al este con La Rioja. Es casi una triple frontera. Nosotros estuvimos alojados en Haro: Capital del Rioja, como ellos mismos la llaman. Porque, ya que venimos al norte de aventuras, ¿por qué no aderezarlas con un buen vino? Y es que los brazos reventados del Harri Gorri y las alturas de vértigo de la Cresta de Sobrón maridan muy bien con el tinto riojano. Haro está a media hora del pie de vía y Miranda a escasos veinte minutos; aunque hay que pagar un peaje de 85 cts. para llegar, nos gustó quedarnos por allí.

En Sobrón encontramos las ferratas de Harri Gorri y la Cresta de Sobrón. Cada una es interesante y son muy diferentes entre ellas, lo que hace que la visita merezca doblemente la pena. Harri Gorri es explosiva y retadora, muy psicológica, mientras que la Cresta es estética, no es especialmente física, pero pondrá a prueba nuestras cabezas en algunos pasos estrechos.

Es posible hacer las dos vías en un mismo día, aunque solo si estamos muy fuertes; Harri Gorri necesita unos buenos brazos y puede ser extenuante. En caso de no estar muy bien preparados igual es mejor separarlas en varios días y disfrutar de las posibilidades locales entre medias.

FICHA TÉCNICA

DURACIÓN
- **Tiempo de acceso:** 5 min
- **Tempo de recorrido:** 120 min
- **Tiempo de regreso:** 10 min

LONGITUD
- **Longitud total:** 1,7 km
- **Longitud equipado:** 500 m
- **Desnivel total:** 78 m
- **Desnivel equipado:** 20 m

DIFICULTAD
- **Grado:** K2 el primer tramo, K3 el segundo y K4 el tercero
- **Factor psicológico:** Alto
- **Desplomes:** No
- **Apto para niños:** 10 años y 130 cm según la página oficial. Solo los primeros tramos K2 y K3 según experiencia
- **Escapes:** 2 entre los tramos

EQUIPACIÓN DE LA VÍA
- **Tirolina:** No
- **Puentes:** No

ÉPOCA
- **Estación:** Todo el año
- **Orientación:** NS
- **Estado**: Perfecto estado en mayo de 2025
- **Pago:** Reserva obligatoria de 2,5 € del 15 de marzo al 2 de noviembre

CÓMO LLEGAR

Desde la N-1 a la altura de Miranda de Ebro cogeremos la carretera A-2122 en dirección noroeste hacia Sobrón. Un poco antes de llegar al pueblo a la izquierda, hay un parking junto al Centro de Aventura Sobrón. Aunque nosotros cogimos los caminos de tierra y nos acercamos un poco más al comienzo de la ruta, la distancia no es significativa, merece la pena dejar el coche en un parking en condiciones por unos pocos metros.

La vía comienza cruzando la carretera un poco más al norte. Nada más cruzar encontramos un camino de tierra que pasa la casa abandonada, al dejarla atrás encontramos una pequeña carretera que cogeremos a la izquierda unos 100 metros, donde vere-

mos un camino de piedra a la derecha que nos lleva dirección norte unos 200 metros más hasta el comienzo de la vía. **42°45'36.7"N 3°05'13.8"W**

MATERIAL

Kit básico de ferratas
Para alquilar material en caso de que fuera necesario, se puede hablar con el Centro de Aventura Sobrón, que aparte de guiarnos en la actividad si queremos contratar la salida, alquilan material. https://www.aventurasobron.com

DESCRIPCIÓN

Esta vía ferrata, catalogada en tres tramos como K2, K3 y K4, se encuentra abrazando una afilada cresta orientada de sur a norte, con vistas que te robarán el aliento (y no por la altura, precisamente). Nada más acercarte, ya se deja ver el juego vertical de la vía.

Sin dificultad en los primeros tramos, su trazado va ganando en carácter a medida que avanzas: comienza con un tramo amable y vas progresando de forma muy gradual hasta un auténtico desafío psicológico. No se trata de fuerza, más bien de técnica y equilibrio.

APROXIMACIÓN A LA VÍA FERRATA

El acceso está bastante claro; debes seguir el sendero que lleva directo a la cresta por una gran cuesta con tramos de tierra y tramos de cemento. Una vez que llegamos a la cresta, ya se ven las primeras grapas... ¡Esta vía ferrata ofrece mucho juego de pies y manos en roca, por lo que si escalas, mejor que mejor!

ASCENSO

La ferrata se hace muy evidente según nos acercamos a la cresta: hay que seguirla, no tiene pérdida. La cresta se hace en dirección sur-norte y la primera parte es muy sencillita, un recorrido de iniciación K2 donde los más peques podrán iniciarse en el arte de la línea de vida. Este primer tramo tiene apenas 50 metros y al final podremos abandonar la vía si lo que queremos es un primer contacto con la roca. ¡Ferratero, esto es lo mejor! Después de cada tramo, hay un escape que nos permite bajar por la parte derecha de la cresta, con lo cual, si no lo ves claro..., ¡escapa!

La segunda parte, tramo K3, se pone un poco más emocionante, aun así, carece de gran dificultad, solo que ya nos iremos poniendo de pie en algunas partes más aéreas (● figuras 2, 3, 4, 5 y 6). Este tramo no alcanza demasiada altura, pero la afilada cresta hace que la experiencia sea un poco más intimidante. Este tramo se alarga unos 250 metros hasta alcanzar una torre de alta

5

6

8

9

tensión, que marca el camino para abandonar este tramo de K3 (segundo escape) y decidir si queremos afrontar la última parte K4. ¿Seguimos o bajamos aquí?

PARTICULARIDADES DE LA VÍA FERRATA: DEGUSTACIÓN PARA EL MUNDO FERRATERO

¿Listo para el final? El último tramo (K4) se extiende otros 250 metros, pero aquí la arista se hace aún más estrecha (● figura 7) y los flanqueos son más físicos, por lo que está recomendada solo para ferrateros con experiencia y sin vértigo, ya que ponerse de pie en estos tramos requerirá de una mente fría y buen equilibrio. No en vano, muchos de estos pasos se hacen a caballo (apoyando culo, vamos). También destaca el agarre natural, algunas escaladas tienen pocas grapas y obligan a progresar por la roca (● figuras 8 y 9), dándole un encanto y entretenimiento extras. La ventana será el último punto icónico de esta escénica ferrata, antes de bajar y emprender el camino de vuelta (● figura 10), deshaciendo la cresta por un camino que nos dejará un poco más al sur del comienzo de la vía, cerrando así una ruta circular.

Página oficial de la ferrata

Sigue la ruta en Wikiloc

CONCLUSIÓN

Una vía muy estética y muy aérea que pondrá a prueba nuestras cabezas. Aunque el físico no es determinante, ¡ojo!, no hay que subestimar el último tramo.

¡Esta ferrata es una degustación de la roca y la montaña en estado puro! Esta aventura te regala vistas, vértigo y una experiencia que no olvidarás. Singular donde las haya. Si eres un amante de las crestas (a nosotros nos flipan), no dudes en hacerla. ¡Te encantará!

10

1

Sobrón, Álava

HARRI GORRI

Mira el vídeo
de esta ferrata

LOCALIZACIÓN

La misma que la vía ferrata de la Cresta de Sobrón (ver página 73).

CÓMO LLEGAR

Desde la N-1 a la altura de Miranda de Ebro cogeremos la carretera A-2122 en dirección noroeste hasta llegar a Sobrón. Una vez allí se puede aparcar en el Museo del Agua o un poco más adelante, que hay un área de autocaravanas. La vía termina en el propio Museo del Agua, así que lo que tenemos que hacer es andar pegados a la carretera unos 450 m, que nos llevará al comienzo de la vía, que está marcado y no tiene pérdida. Aparcamiento del Museo del Agua: **42°45'58.3"N 3°05'26.8"W**

APROXIMACIÓN A LA VÍA

Muy cerquita de la carretera, a escasos 500 metros del Museo del Agua, aparece el cartel que indica el inicio de la ruta Harri Gorri, que significa «piedra roja». Allí vemos una pequeña cuerda que nos ayuda en los primeros metros de cuesta por el camino de tierra.

FICHA TÉCNICA

DURACIÓN
- **Tiempo de acceso:** 5 min
- **Tempo de recorrido:** 90 min
- **Tiempo de regreso:** 0 min

LONGITUD
- **Longitud total:** 1,25 km
- **Longitud equipado:** 500 m
- **Desnivel total:** 314 m
- **Desnivel equipado:** 80 m

DIFICULTAD
- **Grado:** K5
- **Factor psicológico:** Alto
- **Desplomes:** Muchos pequeños
- **Apto para niños:** No
- **Escapes:** Un par de puntos al principio, después con tu propia cuerda para rapelar

EQUIPACIÓN DE LA VÍA
- **Tirolina:** No
- **Puentes:** 3
- **Rapel:** No es obligatorio
- **Extras:** Recomendable alargador para el disipador en el puente

ÉPOCA
- **Estación:** En verano se puede hacer duro por el calor, mejor por la mañana que está más a la sombra
- **Orientación:** O
- **Estado:** Perfecto estado en junio de 2024
- **Pago:** Reserva obligatoria de 2,5 € del 15 de marzo a 2 de noviembre

MATERIAL

- Kit básico de ferratas
- Cabo de anclaje para reposar y extender el disipador en algún puente si no se llega bien a la línea de vida
- Cuerda de 80 m para un posible rapel de abandono

Para alquilar material en caso de que fuera necesario, se puede hablar con el Centro de Aventura Sobrón, que aparte de guiarnos en la actividad si queremos contratar la salida, alquilan material. www.aventurasobron.com

ASCENSO

Comenzamos con una subida que nos advierte de la dificultad que va a plantear la ruta: las grapas se alejan bastante, la pared es muy vertical y con ligero desplome (que en muchas ocasiones serán sostenidos), perfecto para el calentamiento matutino ferratil (● figura 2).

Durante el primer tramo hacemos una travesía horizontal hacia la izquierda, intensita, sin oportunidad para el descanso y con tramos donde el apoyo de los pies es en roca. Justo antes de llegar al primer puente encontraremos dos posibilidades de escape, pero debemos saber que a partir de estos puntos solo podremos abandonar la vía rapelando

con nuestra propia cuerda. Así que, ferratero, si no lo ves claro, ¡escapa! Porque la vía se pone más durilla a medida que avanza (● figura 3).

Tras pasar el primer puente (● figura 4), y antes de llegar a los dos siguientes, la vía progresa en ligero descenso, aunque tendremos que superar un par de resaltes y recodos un poco técnicos y desplomados que pondrán a prueba nuestros brazos una vez más. El segundo puente tibetano de tres apoyos tiene 45 metros de largo y es donde los más «bajitos» agradecerán extender su disipador. El cable es largo y alto, y tiene un cambio de disipadores justo en medio. ¡Eso sí!, es momento de disfrutar de la exposición en esta vía, que es espectacular y nos permite ver todo el valle y el pueblo bajo nuestros pies.

Al final del segundo (● figura 1) puente veremos el demonio rojo saludando desde la pared de enfrente, que nos advierte de la bajada. ¡Aquí no se acaba el juego! Queda el destrepe que, poca broma...

PARTICULARIDADES DE LA FERRATA: EL DESCENSO FINAL

La última parte de la vía es una bajada de casi 100 metros muy vertical con grapas bastante alejadas, y donde en algunos puntos tendremos que ayudarnos de los agarres naturales de la roca. Para mí, es quizá una de las partes más psicológicas de la vía. Desde luego, este destrepe exige concentración, destreza y técnica.

Algunos datos a tener en cuenta: el alejamiento de las grapas explica el porqué de la recomendación de la página oficial para que las personas que midan menos de 160 cm eviten hacer la vía. Es real, yo llegaba apenas con las yemas de los dedos a algunas grapas y hay que confiar en los brazos, las piernas y... ¡dinamizar!, no queda otra.

La vía tiene orientación oeste, así que si vamos en los días fríos de invierno conviene empezar a partir de mediodía, pero si queremos disfrutar de la sombra del verano será mejor madrugar y empezar temprano.

CONCLUSIÓN

Harri Gorki es una ferrata retadora, psicológicamente exigente y muy divertida. Además, su proximidad a la Cresta de Sobrón hace que esta visita sea obligada para una escapada corta al norte. Eso sí, agárrate los machos, porque personalmente, esta vía me ha parecido desafiante. Fue mi primer K5, no estaba tan fuerte ni tenía tanta confianza; de hecho, en nuestro grupo de WhatsApp del libro de ferratas, la foto que tenemos Roberto y yo es una mía, pasándolo regular, aquí metida. Ahora, tengo ganas de repetirla.

Página oficial de la ferrata

Sigue la ruta en Wikiloc

1

Silanes, Burgos

MIRAVECHE-SILANES

Mira el vídeo
de esta ferrata

LOCALIZACIÓN

Silanes es uno de esos pueblos tranquilos de la sierra de Burgos a los que vas para desconectar de la ciudad y reconectar con la naturaleza. Merece la pena recorrer el pueblo, cuya arquitectura tradicional combina la esencia rústica con las construcciones contemporáneas. Acércate a la iglesia de San Román, del siglo XV, en lo alto de un cerro, una reliquia dentro del Parque Natural de los Montes Obarenes.

CÓMO LLEGAR

La vía ferrata se encuentra en Silanes. El coche se puede dejar muy cerquita de las primeras grapas, junto a una pequeña zona de recreo al final del pueblo, al terminal la calle de Arriba. Desde la entrada del pueblo hay que avanzar intuitivamente hacia arriba, evitando las calles que bajan a la derecha. Poniendo en Google Maps Vía Ferrata Miraveche-Silanes te marca el lugar donde está la vía, pero no el comienzo. Podemos marcar el final de la carretera que está un poquito más a la izquierda o poner las coordenadas: **42°40'24.2"N 3°10'36.9"W.**

FICHA TÉCNICA

DURACIÓN
- **Tiempo de acceso:** 1 min
- **Tempo de recorrido:** 90 min
- **Tiempo de regreso:** 5 min

LONGITUD
- **Longitud total:** 700 m
- **Longitud equipado:** 250 m el K3 y 350 del tramo K4
- **Desnivel total:** 94 m
- **Desnivel equipado:** 50 m

DIFICULTAD
- **Grado:** K3 el primer tramo y K4 el segundo más deportivo
- **Factor psicológico:** Medio/alto. La tirolina, los péndulos y los cambios en el desplome del K4 juegan su parte
- **Desplomes:** Algún paso suelto en el K3 y unos cuantos en el K4
- **Apto para niños:** No es familiar (solo la primera parte)
- **Escapes:** 1 entre los 2 tramos para la K4, que además puede evitar el péndulo

EQUIPACIÓN DE LA VÍA
- **Tirolina:** Sí (en la ampliación)
- **Puentes:** 3
- **Péndulo:** 1 (otro en la ampliación)
- Escalera y algún puente más en la ampliación

ÉPOCA
- **Estación:** En verano se puede hacer duro por el calor, mejor por la mañana que está más a la sombra
- **Orientación:** SO
- **Estado:** Perfecto estado en junio de 2025
- **Pago:** No

MATERIAL
- Kit básico de ferratas
- Cabo de anclaje
- Polea para la tirolina

DESCRIPCIÓN

Esta vía ferrata está catalogada como K3 en el primer tramo y K4 en el segundo; ha sido ampliada recientemente (en junio de 2025) y ofrece nuevas secciones para poner a prueba a los más atrevidos, ya que tiene un gran péndulo con vistas al vacío y una sección vertical con desplome catalogado como K4.

APROXIMACIÓN A LA VÍA

Para comenzar esta aventura, hay dos posibilidades donde aparcar: justo al comienzo de la vía ferrata con un pequeño aparcamiento de aproximadamente 7 u 8 plazas, o a la salida del pueblo, donde encontramos un terraplén con mucho espacio. Desde allí hay que seguir la carretera hasta una pequeña zona de recreo con unas mesas.

ASCENSO

Justo a los pies de la vía hay una pared equipada con anclajes donde se puede aprender a progresar en la vía ferrata, también puedes practicar reuniones y rapelar en caso de que fuera necesario conocer la técnica. Es la única ferrata que hemos visto este equipamiento previo. No había cartel de indicación porque lo estaban cambiando para sumar la ampliación que estaba a puntito de inaugurarse.

La vía comienza con una minisubida en vertical seguida de un tramo horizontal a la derecha y ligeramente desplomado que ya nos calienta los brazos; seguido de un pequeño puente mono y una subida que nos permite jugar con agarres naturales para pies y manos. Cruzamos el río con una pequeña cascada, es muy verde y refrescante.

Tras otro par de puentes mono, y en medio del ascenso, atravesamos una gran grieta con ligero desplome y grapas en forma de L. Este paso te permite jugar con agarres en roca para las manos, y Roberto, que estaba jugando a pasar sin grapas y sin tocar el cable, cayó 2 metros y le saltó un poco el disipador. Nunca te debes confiar...

La salida de esta grieta natural en la roca es vertical y algo retadora, con una pequeña «barriguita» que pondrá a prueba tu técnica (● figura 3). Seguimos avanzando en horizontal y ya salimos a la loma de la primera montaña.

Una vez superado este tramo y ya en la loma, el camino se bifurca: hacia la derecha, la opción más intensa K4, y hacia la izquierda, el recorrido K3 continúa, igual de bonito pero un poco más amable con tus brazos.

Nosotros hicimos primero el K3 y después, repetimos el recorrido hasta enlazar con el K4, probando algún tramo de la ampliación recién instalada. ¡TODO! Qué FOMO... *(Fear Of Missing Out).*

BIFURCACIÓN Y RETOS ASEGURADOS

Tramo K3: ¡Este tramo me ha parecido muy divertido! El comienzo de la sección desciende por una placa con cadena y grapas solo para las manos (● figura 5). Los pies, nuevamente, se confían a la roca, que en este, además, está bastante lavada y resbala. Hay que ir con atención, buscando huecos y pequeñas repisas donde apoyarse.

Y justo cuando acaba la placa ¡llega un puente tibetano de listones de madera! Cruza (● figuras 1 y 2) sobre el camino, mientras disfrutas de la vista del valle y las montañas al frente, donde te prometen rutas de escalada aún

por descubrir (volveremos algún día a probar esas vías).

Después del puente, una travesía horizontal nos lleva a una canal ascendente con una cadena para la progresión. Aquí los apoyos de roca vuelven a ser protagonistas; al final de la canal, aparece el famoso péndulo con cadena. ¿Te atreves?

Tienes dos opciones: encarar el péndulo y continuar la vía con una sonrisa de oreja a oreja, o tomar la vía de escape que te lleva directamente de regreso al aparcamiento. Ambas decisiones son válidas.

Una vez superado el péndulo, comenzamos el descenso que rápidamente nos lleva de nuevo al comienzo de la ferrata y al aparcamiento.

Tramo K4: Un paredón que gana altura de forma progresiva y que comienza con un desplome bastante pronunciado (● figura 7) y muchos agarres en roca para pies y manos; rápidamente nos damos cuenta que son pasos mucho más

5

6

7

atléticos. Hay zonas donde aparecen agarres en L con ligeros desplomes que dan yuyu, ya que generan mayor inseguridad en la progresión (● figura 8).

Ampliación de la vía ferrata: No pudimos hacer todavía toda la ferrata, pero pudimos probar la tirolina (● figura 6), que está muy bien equilibrada; el péndulo, que es uno de los más expuestos de toda España (● figura 4); la escalera, que nos recuerda mucho a la Escalera al Cielo; un buen desplome en un paredón... Es muy prometedora y, en combinación con las otras dos, parece que esta zona va a ser un punto de encuentro imprescindible para los ferrateros.

CONCLUSIÓN

Sigue la ruta en Wikiloc

¡Esta es una vía ferrata supercompleta! Ya sea que elijas el K3 o te aventures por el K4, o por su ampliación, esta ferrata es perfecta para familias con peques en la primera parte del recorrido, o para ferrateros más experimentados que busquen ponerse al límite recorriendo el resto de la vía.

¡Asegura bien tu casco, cuidado con los agarres en la roca (¡guiño a Roberto!) y disfruta del recorrido!

1

Broto, Huesca

SORROSAL

Mira el vídeo de esta ferrata

LOCALIZACIÓN

La cascada de Sorrosal se encuentra en Broto, una localidad situada en el entorno del Parque Nacional de Ordesa y Monte Perdido, en la comarca del Sobrarbe, provincia de Huesca, Aragón. El Parque de Ordesa es conocido por ser un lugar de alta montaña, que colinda con la frontera de Francia y destaca por sus valles, circos glaciares, barrancos y cascadas, y la de Sorrosal es una de las más accesibles y sorprendentes de la zona.

Ubicada a pocos kilómetros de la entrada del valle de Ordesa, la cascada forma parte del sistema hidrográfico que alimenta el río Ara, uno de los principales cauces del parque. La vía ferrata, situada en uno de sus laterales, permite ascender por sus paredes, atravesar su cañón y recorrer toda su ladera bordeando la montaña dejando a lo lejos las vistas del pueblo y el valle. Punto estratégico de entrada a Ordesa para un plan perfecto de aventura con vía ferrata y rutas de diferentes niveles y muy espectaculares.

CÓMO LLEGAR

La vía sale directamente del pueblo de Broto, cruzando el río en el mirador de la cascada del Sorrosal. El coche se puede dejar en el aparcamiento municipal de la cascada del Sorrosal de Broto. Desde aquí a la cascada apenas hay cinco minutos andando, siguiendo el río Sorrosal. Está muy bien señalizado.

Aparcamiento de Broto:
42°36'14.4"N 0°07'25.2"W

Comienzo de ruta:
42°36'19.7"N 0°07'40.7"W

FICHA TÉCNICA

DURACIÓN
- **Tiempo de acceso:** 5 min
- **Tiempo recorrido:** 1h 30 min
- **Tiempo regreso:** 25 min

LONGITUD
- **Longitud total:** 2,1 km
- **Longitud equipado:** 600 m
- **Desnivel total:** 219 m acumulados
- **Desnivel equipado:** 110 m

DIFICULTAD
- **Grado:** K2+/K3
- **Apto para niños:** Sí*
- **Desplome:** No
- **Grado psicológico:** Medio

EQUIPACIÓN DE LA VÍA
- **Tirolina:** Acceso con polea según estado del puente
- **Puentes:** 1 puente tibetano
- **Rapel:** No (opcional)

ÉPOCA
- **Estación:** Primavera/verano/otoño
- **Orientación:** S y E
- **Estado:** Impecable**
- **Pago:** No

* Apta para niños con una altura igual o superior a 140 cm.
** La vía ferrata está en buenas condiciones, no obstante, el puente de acceso estaba roto debido a las crecidas y en su lugar había un puente de cuerda con polea.

MATERIAL

Para esta vía no es necesario llevar nada de material extra aparte del kit básico. Como siempre, es recomendable llevar una cuerda de abandono, aunque la vía está pegada a Broto y es muy fácil pedir ayuda en caso de tener algún problema, además está muy concurrida con diferentes empresas que hacen salidas continuamente. Se puede montar algún rapel, están equipados, pero no lo recomendamos; es más rápido bajar destrepando y no tiene mayor dificultad.

Para alquilar material en caso de que fuera necesario, hay muchas empresas de turismo activo en Broto que tienen todo lo necesario disponible. Cuando la hicimos nosotros se había roto el puente que cruza el río y tuvimos que pasar por una tirolina formada por una polea con una cuerda, pero no corría demasiado bien, así que preferimos usar las nuestras.

AGUA Y ROCA EN EL CORAZÓN DEL PIRINEO

Recuerdo las ganas que teníamos de salir de Madrid ese fin de semana. A medida que nos íbamos adentrando en el corazón de los Pirineos, no parábamos de sonreír, ¡volvíamos a estar en Ordesa! Decidimos juntarnos con mis compañeros de aventura de la universidad, alquilar una casa rural, y muy cerca de Broto, en Sabiñánigo, montar un campamento base durante casi cinco días. El objetivo de ese fin de semana era hacer ferratas, rutas de senderismo, comer rico y reír mucho. El día después de nuestra llegada, pusimos rumbo a la Vía Ferrata Cascada de Sorrosal. Está situada a las afueras del pueblo de Broto y, como estábamos cansados, optamos por no madrugar demasiado... ¿Resultado? Durante el recorrido nos encontramos con varios grupos que se aventuraron con nuestro mismo espíritu. La ferrata se despliega ante ti de forma majestuosa: es un homenaje a la fuerza del agua y la roca, una experiencia que no te deja indiferente, sobre todo, si hay temporada de lluvias copiosas.

2

3

APROXIMACIÓN A LA VÍA

El punto de partida se encuentra en uno de los aparcamientos situados en el pueblo de Broto a solo cinco minutos caminando del inicio de la vía. Aquí nos pusimos todo el petate: el casco, el arnés, el disipador, etc. Nos colgamos todos los juguetes que hacen ruido cuando caminas..., en fin, las frikadas ferrateras; encendimos el Garmin, la GoPro y pusimos en marcha los relojes. Desde el punto de inicio, recorrimos un sendero muy bien delimitado, dejando el río en el margen izquierdo y llegando a finalizar el recorrido en una plataforma metálica. Al otro lado, estaba el comienzo de la vía ferrata y apareció la primera aventura: la pasarela de madera para cruzar el río estaba destruida debido a las crecidas. ¿Solución?: una tirolina improvisada que, aunque su longitud era de apenas 5 metros, cruzarla no era moco de pavo (● figura 1).

Para empezar, en este punto de la ferrata ya te mojabas con el agua que bajaba con virulencia y tanto las grapas como la cuerda estaban empapadas. ¿Y quién fue la valiente que se arrojó primero? ¡Servidora! Vale, sí, sí, no es un Free solo de Alex Honold, pero he de reconocer que cruzarla requiere algo de destreza y un poco de precaución. Había instalada una polea con un cabo para poder recuperarla, pero no corría nada bien y tuve que remar para llegar al otro lado. Para los que vinieron detrás decidimos utilizar nuestras propias poleas, que procuramos llevar siempre encima.

Una vez superada la tirolina, continuamos por un pequeño tramo boscoso y resbaladizo, donde ya se intuyen las primeras señales de la línea de vida y las grapas visibles a la izquierda de la ladera que anuncian el inicio oficial del ascenso de la cascada de Sorrosal. Si tienes suerte y vas en una época del año donde baje con bastante agua, ¡es todo un espectáculo!

4

5

ASCENSO

El primer tramo de la vía se inicia con una ascensión vertical donde, a pesar de haber grapas, en algunas ocasiones tenemos que utilizar apoyos en roca (● figura 3). En estos primeros tramos, se intercalan secciones verticales con secciones horizontales que permiten ganar altura rápidamente y tener unas panorámicas espectaculares del valle y el pueblo de Broto (● figura 2).

Para nosotros, el desafío de esta vía ferrata es ¡no escoñarse! El entorno es bastante húmedo, por lo que las grapas y la roca suelen estar resbaladizas, también hay tramos con bastante barro, lo que hace que se compliquen los apoyos.

Tras una travesía horizontal, llegamos a una plataforma de tierra, un pequeño espacio donde podemos descansar y disfrutar de la impresionante vista de la cascada en todo su esplendor. Si miramos atrás, el valle se abre como un cuadro perfecto, mientras que al frente la pared de roca se alza, señalando que el recorrido aún tiene muchas sorpresas que ofrecer.

PARTICULARIDADES DE LA FERRATA: LA ESCALERA Y LA CUEVA

Desde la plataforma, enfrentamos un gran paredón asegurado por una escalera vertical (● figuras 4 y 5) que nos lleva al corazón de la montaña; literalmente, ya que este tramo termina en una cueva de 50 metros de longitud aproximadamente. Apunte importante: ¡siempre que vayas a una salida de campo, a escalar o a una ferrata, llévate frontal! Nosotros hemos aprendido que es indispensable meterlo en la seta de la mochila porque siempre palmamos y

6

7

bajamos tarde de la montaña..., y aunque la cueva no es muy profunda, en el último tramo apenas se ve, y si baja mucha agua, puede estar anegado, de forma que te mojas los pies.

Al salir a nuestra izquierda, vemos una cadena, la línea de vida y un cañón impresionante que el agua ha esculpido durante siglos: ¡muy emocionante esta salida! (● figuras 6 y 7)

LA SECCIÓN FINAL: CAÑÓN Y MUCHA AGUA

Nada más salir de la cueva, cruzamos un puente mono de 5 metros, metido en todo el meollo del cañón, que nos permite apreciar su magnitud, así como la caída de la cascada desde una perspectiva privilegiada. Este puente nos lleva a una pared bastante vertical y aérea muy bien equipada y divertida.

Una vez que hemos salido del cañón, comienza el último tramo con partes de senda por zona boscosa, lugares donde se bordea la montaña con vistas espectaculares a la cascada, al pueblo de Broto, al valle, y presas nuevamente (● figura 8). En un segmento de pared tumbada, en lugar de grapas, hay dispuestas presas de escalada como agarres que hacen más dinámico y entretenido el recorrido.

El regreso al punto de inicio se realiza por un sendero bien señalizado que atraviesa un frondoso bosque de robles y pinos. Este trayecto de bajada no tiene ninguna dificultad y son aproximadamente 40 minutos hasta el aparcamiento de Broto.

VALORACIÓN TÉCNICA Y SENSORIAL

La Vía Ferrata Cascada de Sorrosal destaca por su variedad y belleza. Nosotros la hemos clasificado como un K2+/K3, por lo que es apta para personas que quieran iniciarse en este deporte, aunque como apunte, requiere atención debido a la humedad constante y al peligro de resbalar con facilidad. Nuestro lema es ¡el primero que se escoñe, paga las birras! o en su defecto, un té y unos dulces..., dependiendo del momento en el que nos pille.

Pero lo que hace singular a esta ferrata es, sin lugar a duda, su integración con el entorno: la cascada, las escaleras, la cueva, el cañón, la salida a la montaña... conforman un recorrido único que combina deporte y naturaleza de una manera única.

Sigue la ruta en Wikiloc

CONCLUSIÓN

La Cascada de Sorrosal es mucho más que una vía ferrata; es una inmersión en el poder y la belleza de los Pirineos. Desde la primera grapa hasta el último paso, cada momento está impregnado de emoción y asombro, convirtiéndola en una experiencia inolvidable para cualquier amante de la montaña.

Es una ferrata muy disfrutona, de las que crean afición. ¡A por ella, ferratero!

1

Canfranc, Huesca

PARED DE ISERÍAS

Mira el vídeo
de esta ferrata

LOCALIZACIÓN

La ferrata de Canfranc combina la majestuosidad de los Pirineos con una experiencia que permite disfrutar de las vistas desde las alturas. Desde hacía varios años, teníamos especial interés en visitar el pueblo de Canfranc no solo como amantes de los Pirineos, sino por lo que a nivel histórico representa. Pudimos pasear por su emblemática estación de tren, leer todos los carteles que homenajean esa parte tan oscura de nuestra historia reciente y disfrutar de un par de días de la gente, la gastronomía y la naturaleza.

CÓMO LLEGAR

La Ferrata de Pared de Iserías se encuentra a pocos metros pasada la estación de Canfranc con dirección a Francia, siguiendo por la carretera N-330a. Enseguida encontrarás una pista que sube hacia la derecha por el antiguo puente de Roldán. Es muy sencillo poniendo en Google Maps: Vía Ferrata Pared de Iserías o las coordenadas: **42°45'44.2"N 0°30'28.7"W.**

En verano, en la pista de acceso al Coll de Ladrones no está permitido circular con vehículos, será necesario dejar el coche antes de la barrera y acceder andando 15 minutos, que hay que sumar a los tiempos que vienen marcados en la ficha.

FICHA TÉCNICA

DURACIÓN
- **Tiempo de acceso:** 3 min
- **Tiempo recorrido:** 90 min 2 personas
- **Tiempo regreso:** 20 min

LONGITUD
- **Longitud total:** 2,5 km
- **Longitud equipado:** 410 m
- **Desnivel total:** 180 m acumulados
- **Desnivel equipado:** 30 m

DIFICULTAD
- **Grado:** K3+
- **Apto para niños:** Altura mínima 125 cm
- **Desplome:** No
- **Grado psicológico:** Alto

EQUIPACIÓN DE LA VÍA
- **Tirolina:** no
- **Puentes:** 3
- **Rapel:** no
- **Péndulo:** 1 de 7 m

ÉPOCA
- **Estación:** Todas
- **Orientación:** O
- **Estado:** Impecable
- **Pago:** No

MATERIAL

Para esta vía no es necesario llevar nada de material extra aparte del kit básico y un clavo de anclaje con mosquetón de seguridad para el péndulo. Hay que prestar atención a la posible caída de piedras en los puntos expuestos de la pared.

DESCRIPCIÓN

Catalogada como un K3+, esta vía ferrata podría ser una buena introducción para aquellas personas que, sin vértigo, hayan hecho un par de ferratas y quieran seguir experimentando y conociendo este deporte. Combina puentes de varias naturalezas, con ligeros desplomes, un péndulo y una *escadena* (bautizada con este juego de palabras) que le otorgan a la vía ese punto de tensión y emoción extra.

APROXIMACIÓN A LA VÍA

Partiendo de Canfranc, seguimos la carretera hasta encontrar un pequeño desvío a la derecha que cruza un puente. Inmediatamente después, un sendero de montaña nos invita a caminar a la izquierda, pero nosotros tomamos la subida a la derecha. Desde mediados de octubre hasta mediados de junio, es posi-

2

3

ble ascender en coche hasta el inicio de la ferrata, lo que nos ahorra unos 20 minutos de caminata por una pista de tierra.

Al aparcar ya se aprecia la pared rocosa (● figura 2) y se distinguen la característica escadena, el péndulo y el puente tibetano. Un cartel cerca del aparcamiento marca el comienzo de nuestra aventura pirenaica.

ASCENSO

El primer tramo comienza con una empinada cuesta sin asegurar, que nos lleva hasta el pie de la pared. Allí, las primeras grapas comienzan la subida en vertical. Una breve pero aérea travesía a la derecha nos adentra en la vía. Este tramo está excelentemente equipado, facilitando la progresión con seguridad (● figura 1).

Pronto nos encontramos con una subida vertical (● figura 3) que culmina en uno de los elementos más icónicos de esta ferrata: una escalera metálica de unos 20 metros (● figura 4). Su estructura móvil y los peldaños distanciados entre sí generan gran sensación de vacío. A medida que ascendemos, la *escadena* se balancea cada vez más, lo que le añade dificultad en el tramo de salida.

4

5

PARTICULARIDADES DE LA FERRATA: EL PÉNDULO

Tras superar la escalera, enfrentamos un pequeño desplome (● figura 5) y llegamos al primer puente mono. Este puente nos obliga a cruzar el valle de cara al vacío, ofreciendo unas vistas espectaculares. Al otro lado, un nuevo desplome te lleva directamente al péndulo.

Este cuenta con una cadena que permite ajustar el mosquetón al anillo ventral. Aunque el disipador puede engancharse a la línea de vida, es importante calcular bien la distancia, ya que un mal ajuste puede dejarnos colgando en el vacío. Si eso ocurre, prepárate para remar si quieres llegar al otro lado... El péndulo está en un paredón y la sensación de caída es bastante fuerte (● figura 6).

El último tramo vertical, con un ligero desplome, nos conduce al final de la pared. Desde aquí, un sendero nos lleva a la parte alta de la montaña, donde encontramos el primer escape y, poco después, el puente tibetano más largo de Aragón, con 80 metros de longitud (● figura 7). Este puente, suspendido en el vacío, nos hace sentir como equilibristas sobre una *slackline*, ya que, curiosamente, ha sido el puente que más se ha movido de todos los que hemos hecho y entra una ligera sensación de vértigo.

LA SECCIÓN FINAL

Tras cruzar el puente tibetano, una travesía a la izquierda con apoyo en roca nos lleva al último puente mono. Este obstáculo, similar al primero, pone broche final a la vía (● figura 8). Finalmente, una breve travesía nos conduce al sendero de descenso, marcado con carteles de madera e hitos. En unos 20 minutos, llegamos de vuelta al coche.

Roberto, en un desafortunado accidente estrelló su dron, así que tocó sacar la cuerda, me aseguró, y destrepé por la pared hasta rescatar a «Droni», como lo bautizamos cariñosamente. La maniobra fue aplaudida por un espectador desde el puente tibetano, que me animó desde la distancia y nos felicitó por el rescate.

CONCLUSIÓN

Perfectamente equipada, esta vía es una parada obligatoria para los amantes de las alturas y los paisajes de montaña. ¿Te atreves a enfrentarte a ella?

Se abrió en agosto de 2024.

Página oficial de la ferrata

Sigue la ruta en Wikiloc

1

Sant Llorenç de Montgai, Lleida

CÁGATE LORITO

Mira el vídeo
de esta ferrata

LOCALIZACIÓN

Nos encontramos en Sant Llorenç de Montgai, dentro de la comarca de La Noguera Pallaresa, en la provincia de Lleida, Cataluña. Esta vía ferrata está ubicada en el Prepirineo, entre Balaguer y Camarasa. Su aproximación te permite disfrutar del *congost* de Terradets, cerca del embalse de Sant Llorenç; un paraíso multiaventura, ya que puedes hacer kayak, piragüismo, senderismo, ciclismo, etc., disfrutar del desfiladero del Mu, visitar el castillo islámico y la ermita de la Mare de Déu del Castell o disfrutar del yacimiento de Roca dels Bous, una cueva neandertal que nos remonta a la esencia de la vida.

CÓMO LLEGAR

El acceso al parking de Cágate Lorito es bastante sencillo. Cuando buscamos la ferrata en el Google Maps sale marcada la Paret de la Formiguera, que es donde está ubicada, pero el coche hay que dejarlo un poquito antes. Según venimos de Balaguer a San Lorenzo de Montgai por la LV-9047, como 1 km antes de llegar a San Lorenzo pasaremos un puente que cruza el río Segre, avanzaremos un poco hacia el oeste y haremos una curva hacia la izquierda que pone la carretera rumbo sur. En ese punto, justo antes de entrar en el pueblo, veremos un pequeño parking a la izquierda pegado al río donde caben unos 8/10 coches, podemos

FICHA TÉCNICA

DURACIÓN
- **Tiempo de acceso:** 25 min
- **Tempo de recorrido:** 90 min
- **Tiempo de regreso:** 25 min

LONGITUD
- **Longitud total:** 2 km
- **Longitud equipado:** 180 m
- **Desnivel total:** 202 m
- **Desnivel equipado:** 65 m

DIFICULTAD
- **Grado:** K6
- **Factor psicológico:** Muy alto
- **Desplomes:** Muchos
- **Apto para niños:** No
- **Escapes:** 3 con tu propia cuerda para rapelar (80 m)

EQUIPACIÓN DE LA VÍA
- **Tirolina:** Sí, equipada. Demasiado rápida
- **Puentes:** 1
- **Péndulos:** 2
- **Barra de bomberos:** 1
- **Columpio/trapecio:** 2 en un tramo
- **Escalinata del infierno:** 1
- **Rapel:** No es obligatorio
- **Extras:** Recomendable mosquetón de freno para la tirolina

ÉPOCA
- **Estación:** En verano se puede hacer duro por el calor, mejor por la tarde que está más a la sombra
- **Orientación:** SE
- **Estado:** Perfecto estado en junio de 2025
- **Pago:** No

MATERIAL
- Kit básico de ferratas
- Cabo de anclaje
- Mosquetón de acero para la tirolina
- Cuerda de 80 m para un posible rapel de abandono y asegurar algún paso si es preciso
- Mosquetón de seguridad y ocho
- Otro cabo de anclaje o cinta exprés larga para ayudarnos a salir de la tirolina o del segundo péndulo si fuera necesario.

dejarlo en ese punto o coger una pista de tierra estrecha que se mete a la derecha hacia la ferrata unos 100 metros; allí hay un descampado de tierra donde caben bastantes más coches. Encontraremos el cartel indicativo de la ferrata, que está tan gastado que apenas se puede leer. Siguiendo la pista de tierra que sale del parking enganchamos con el sendero que lleva a la ferrata. Las coordenadas del parking son: **41°52'22.3"N 0°50'34.4"E.**

DESCRIPCIÓN

Para cerrar con broche de oro nuestro periplo de las 25 ferratas que no te puedes perder, y después de dos años documentando y viajando por todo el territorio nacional, elegimos como escenario final el mágico territorio de Lleida. Allí, nos enfrentamos a la temida y legendaria Cágate Lorito, catalogada como K6, una de las vías ferratas más extremas de toda España. Solo su nombre ya impone respeto. Sí, sí, es de cagarse...

APROXIMACIÓN A LA VÍA

Desde la carretera hay dos opciones de parking. Uno pequeño con capacidad para unos 7 u 8 coches a la izquierda, y otro cruzando la carretera, en un gran terraplén. Allí verás el cartel de la vía... aunque aviso: está viejísimo, casi una reliquia arqueológica. Para comenzar el ascenso, hay dos rutas:

1. Ruta oficial: Por un sendero frondoso y embarrado (especialmente si vas en verano como nosotros, que hemos pillado todas las tormentas épicas), zigzaguea cuesta arriba y llega hasta las vías del tren. Allí verás una placa de advertencia: ¡OJO! «¡Extremadamente difícil! Entras bajo tu responsabilidad». Te quedas mucho más tranquila al leer esto, ¿eh?...

2. Ruta alternativa: En lugar de tomar el sendero, sigue recto hasta justo antes del túnel y sube por un terraplén. Te ahorrarás vegetación enmarañada y llegarás igual al zigzag rocoso.

Desde aquí la aproximación es de unos 20-30 minutos siguiendo hitos y pequeñas marcas rojas pegadas a las rocas a través del *barranc* del Clot del

Roure. Atención, ferratero: hay marcas e hitos también para rutas de escalada, así que no te despistes.

El camino es mixto: primero horizontal, luego baja y vuelve a subir hasta el pie del paredón donde comienza la vía. Algunas zonas tienen cadenas, cuerdas y línea de vida para superar pendientes duras. En el sendero hay que ir atento, ya que no es muy intuitivo y puede ser fácil despistarse; el camino se usa tanto de ida como de vuelta.

ASCENSO

Una placa metálica con el glorioso nombre de Cágate Lorito te indica que comienza la aventura. A la izquierda, en una grieta de la roca, descubrimos algo muy chulo: un pequeño cartel hecho por unos amigos que rindieron homenaje a otro amigo aventurero. Le dejaron una plaquita conmemorativa que rezaba: «Así es la vida del aventurero. Equipo Alpha, cumpliendo tus sueños. Angelo Fresneda».

Nada más llegar al inicio entiendes por qué esta vía se llama así: te recibe un comienzo explosivo que filtra a los valientes de los ingenuos. No hay línea de vida al principio; el punto de partida tiene una argolla colgada a unos 2 metros y medio del suelo, y hay que ganarse la grapa trepando (usando agarres naturales) hasta engancharte por primera vez. Una vez que tocas grapa y línea de vida, oficialmente estás dentro del juego y pringado. Importante, ferrateros: ¡siempre porteamos a la compañera en inicios de este tipo! Para evitar caídas feas...

3

En esos primeros 50 metros de subida vertical sentirás el vértigo y el desplome en todo su esplendor. Grapas lejanas, hierros en L, clavijas separadas y travesías donde solo puedes apoyar los pies sobre roca. Aquí ya no se trata de ferrata, sino casi de escalada.

Uno de los momentos estrella es la escalera colgante (● figuras 1 y 2). Para acceder, hay que pasar un desplome horizontal. Una vez arriba, te quedas colgando a unos 50 metros del suelo en la escalera flotante. ¡No apto para corazones con vértigo! En el peldaño que asoma al abismo, hay una campana que es obligatorio tocar (o golpear con el pie, según lo asustado que estés).

Como los desplomes y yo no somos amigos y más a esa altura, le pedí a Roberto que me asegurara como «si escalara en top rope». Con ayuda de la cuerda de 60 metros que siempre llevamos por si acaso es necesario hacer un escape, Roberto montó una reunión y me aseguró desde el tramo de arriba. La cuerda no sirve solo para rapelar, sino que también es útil para asegurar algún paso que sea demasiado delicado. Más vale prevenir...

PARTICULARIDADES DE LA VÍA FERRATA: TODOS LOS JUGUETES DEL MUNDO EN EL PAREDÓN

Tras el desplome y la escalera, llegamos al puente mono (● figura 3), un clásico de unos 10 metros, seguido de un pequeño péndulo. Aquí termina la vía original (primer tramo) con un escape, un buzón con una pareja de loros (● figura 8) y un cuaderno donde inmortalizar la adrenalina de la vía, pero... ¡hay más! Seguimos por la ampliación, una travesía horizontal con pequeñas presas tipo rocódromo con pasos bastante largos donde hay que hacer continuamente cambio de pies, muy expuesto y complicado; es un tramo muy exigente físicamente.

Al llegar al final del tramo de las presas, ¡seguimos con el nivel experto! Hay que bajar un poco y retroceder a la izquierda, esta vez aferrándose a unas clavijas al estilo Cotatuero en Ordesa. Tus pies solo cuentan con la pared, sin ayudas extra, y aunque al principio no lo parezca... ¡estás colgado en un desplome! Tramo muy agotador y, cuando por fin alcanzas la gloriosa barra de bomberos (● figura 4), estás listo para una siesta de campeonato.

Cuando ves la barra con los brazos considerablemente petados te preguntas qué hacer con ella. Pues abrazarla y rezar, porque estás agotado y solo queda lanzarte con fe.

¿Ya estás cansado? Pues viene la tirolina. No necesitas polea (es una estructura artificial ya montada), solo engancharte y volar. Pero, ojo: va cuesta abajo. Si no usas freno (mosquetón de acero), podrías acabar como Roberto, que frenó con la rodilla, el codo y el tobillo... Se llevó un buen susto y un buen golpe.

La salida de la tirolina es brutal: cuelgas de un desplome y tienes que remontarte a pulso con todo el cansancio acumulado de la vía. Esta salida nos resultó durísima: Roberto se quedó colgando como unos 10 minutos como un choricillo hasta coger fuerzas y conseguir salir. Yo también me quedé atascada, y Roberto tuvo que servirme de escalón humano para salir. Hasta Javi, que los desplomes son lo suyo, tuvo que tomarse su tiempo.

5

LA SECCIÓN FINAL: MÁS Y MÁS JUGUETES EN LA PARED

¿Creías que se acababa? ¡Ja! Viene una escalera desplomada (truco: mejor por el interior), seguida de dos trapecios que se mueven como si estuvieras en un circo (● figura 9).

Finalmente, un segundo péndulo más largo y emocionante. Te lanzas como Spiderman, y si no llegas..., a repetir cogiendo más carrerilla, como me ocurrió a mí (● figuras 6 y 7).

Tras este último esfuerzo, una escalera desplomada y movediza te devuelve al suelo. La habíamos visto al principio y la mirábamos con indiferencia, pero resultó ser una dura prueba que pasar, ¡se mueve muchísimo! Después de todo el esfuerzo acumulado, fue todo un triunfo llegar por fin al suelo, los brazos ya no nos sujetaban de los escalones (● figura 5).

6

7

Sigue la ruta en Wikiloc

CONCLUSIÓN

La Vía Ferrata Cágate Lorito ha sido para nosotros el gran final de dos años de aventuras verticales. Más que una vía, es un parque de atracciones en vertical: desafiante, variada, divertida, y sí, bastante extrema.

El verdadero reto consiste en completar la vía sin utilizar en ningún momento el cable de la línea de vida. ¡JA, JA, JA! Vamos, para mí fue imposible no tirar de cable casi desde el principio. Esos primeros metros, verticales y con un ligero desplome, ponen a prueba tu técnica y resistencia: las grapas están muy muy separadas, y cada movimiento se convierte en un auténtico desafío para cumplir el objetivo.

No es para principiantes. No es para miedosos. Es para ferrateros y ferrateras que quieran aventura, adrenalina y una historia épica que contar después.

Y ahora que la hemos conquistado, solo te podemos decir: ¡Cágate Lorito..., pero con estilo!

Recomendación: Al acabar la vía, nos bañamos en el embalse (*pantà*) de Sant Llorenç de Montgai, que nos sirvió de oasis tras el infierno vertical.

Y esta vía ferrata se lleva una mención especial para nuestro querido Javi; con la convicción de que sus brazos eran pura fibra, se lanzó a la aventura... solo para descubrir que la fuerza se le había ido de vacaciones. ¡Grande, Javi! Gracias por acompañarnos en este cierre inolvidable y por demostrarnos que lo importante no es llegar con fuerza..., ¡sino llegar con estilo (aunque sea colgando)!

9

1

Sant Feliu de Guíxols, Girona

CALA DEL MOLÍ

Mira el vídeo de esta ferrata

LOCALIZACIÓN

Sant Feliu de Guíxols es un destino perfecto si quieres desconectar y sumergirte en un pueblo con historia, naturaleza y aventura. Recomendamos visitar el monasterio benedictino con su emblemática Porta Ferrada y las torres de Corn y Fum, pasear por su playa o alquilar un kayak para nadar y bucear en alguna de sus calas. Entre las visitas culturales que se pueden hacer destaca el Museo del Juguete o el Espai Carmen Thyssen.

CÓMO LLEGAR

No se puede dejar el coche en las escaleras de bajada a la ferrata, pero hay una pequeña zona de aparcamiento un poco más abajo, en el mirador de la calle Sicilia. Allí caben unos 6/8 coches, en caso de estar lleno hay que bajar un poco más hasta el parking de Espai Port-Festival de la Porta Ferrada. Las coordenadas para poner en Google Maps son: **41°46'47.0"N 3°02'22.9"E.**

FICHA TÉCNICA

DURACIÓN
- **Tiempo de acceso:** 10 min
- **Tempo de recorrido:** 90 min
- **Tiempo de regreso:** 10 min

LONGITUD
- **Longitud total:** 1,5 km
- **Longitud equipado:** 480 m
- **Desnivel total:** 78 m
- **Desnivel equipado:** 28 m

DIFICULTAD
- **Grado:** K2 el primer tramo y K3 el segundo más deportivo
- **Factor psicológico:** Bajo
- **Desplomes:** Algún paso suelto
- **Apto para niños:** 13 años y 150 cm según la página oficial
- **Escapes:** 1 entre los 2 tramos

EQUIPACIÓN DE LA VÍA
- **Tirolina:** No
- **Puentes:** 3 nepalíes, 3 tibetanos y 1 de madera

ÉPOCA
- **Estación:** En verano se puede hacer duro por el calor, mejor por la tarde que está más a la sombra. ¡Lleva agua!
- **Orientación:** E
- **Estado:** Perfecto estado en junio de 2025. Alguna grapa de pie un poco suelta
- **Pago:** No

MATERIAL
- Kit básico de ferratas

DESCRIPCIÓN

La Vía Ferrata de la Cala del Molí, es un paseo colgado entre mar y acantilado, en plena Costa Brava. Esta es la única vía ferrata de Europa situada sobre el mar... ¡y se nota! Las vistas son una locura: roca, espuma marina y ese aroma a salitre que te hace olvidar que vienes a hacer fuerza (● figura 1). Catalogada como un K3, es una vía que no presenta grandes dificultades, muy disfrutona y perfecta para hacer con peques y en familia.

APROXIMACIÓN A LA VÍA

Llegar no tiene mucha ciencia, pero sí un pequeño truco. El final de la calle es residencial y está prohibido aparcar (¡ni se te ocurra jugártela con una multa!). Por suerte, justo antes de que empiece esa zona, hay un miniparking con espacio para unos 6 o 7 coches. Desde ahí, una caminata suave de 200 metros te lleva a una escalera que baja hacia el mar. Ahí ya ves el azul y sientes la aventura empezar.

4

5

ASCENSO

La vía ferrata es circular y tiene dos tramos claramente diferenciados, con un escape al finalizar el primer tramo. En la segunda parte se advierte con varios carteles que el nivel sube..., aunque en nuestra experiencia, la dificultad se mantiene bastante constante, con algunos puntos un poco más exigentes: quizás haya algún paso un poquito más delicado o con un poquito más de desplome. Pero, en términos generales, es una vía ferrata bastante tranquila y familiar.

La primera parte del camino es de descenso, bajando desde lo alto del acantilado hasta casi tocar el mar (● figura 2). Es una toma de contacto sencilla, pero emocionante. En cuanto aparecen las primeras grapas y la línea de vida, ¡ojo!, hay que ir hacia la derecha. A la izquierda es el final del segundo tramo y te meterías al revés. *Spoiler*: no es buena idea.

PARTICULARIDADES DE LA VÍA FERRATA: BRISA MARINA, SONIDO DEL MAR Y OLOR A SALITRE

Una vez junto al mar, comienza la travesía. Toda la vía discurre en horizontal, bordeando mazacotes de roca que se asoman al agua. Es una aventura a ras del mar con secciones ligeramente desplomadas que calientan los brazos (● figuras 5 y 6), pero siempre con apoyo de grapas y tramos con agarres naturales de pies y manos que, como siempre digo, nos permiten jugar durante la progresión.

Durante el recorrido cruzamos varios puentes mono de diferentes tamaños y un puente de madera al comienzo de la ferrata que conecta dos grandes pináculos de roca (● figura 4); parece que cruzaras un mástil caído. Además se alternan tramos asegurados con cadenas tanto para descender a otro tramo de la ferrata como de subida.

En un punto del recorrido, encontramos algo bastante curioso: han creado una especie de híbrido entre vía ferrata y escalada deportiva. Esto significa que puedes combinar ambas disciplinas. La sección de escalada (Escalafer) permite descender por la roca hasta casi tocar el mar, y la pared ha sido equipada con presas de escalada, lo que da lugar a una experiencia muy diferente dentro del mismo entorno.

Nota para ferrateros: esta parte es considerablemente más exigente y está pensada para personas con experiencia en escalada. No cuenta con línea de vida como en una vía ferrata clásica; en su lugar, debes progresar utilizando seguros fijos y cintas exprés para autoasegurarte con tu disipador. Los agarres, tanto naturales como artificiales, no son grandes. Además, al comienzo de esta sección hay un rapel para el que

7

se necesita una cuerda de al menos 30 metros. No es una zona recomendada para principiantes: aquí se requiere buena técnica, fuerza y una excelente condición física.

Un detalle curioso (y un poco traicionero): las grapas son lisas, lo cual en una zona húmeda como esta no es lo más común. Así que cuidado, porque pueden resbalar si no estás atento. La vía ferrata nunca gana mucha altura, pero a cambio te regala un espectáculo visual y sensorial, ¡el mar está bien cerquita!

Página oficial de la ferrata

Sigue la ruta en Wikiloc

CONCLUSIÓN

La Cala del Molí es una experiencia sensorial fantástica: tranquila, divertida y con sabor a salitre. Para nosotros, fue como una sesión de *mindfulness* vertical justo después de terminar Cágate Lorito. No es una vía para sufrir, sino para disfrutar, contemplar y conectar. Un pequeño paseo por la pared, cerca del mar.

9

1

Villalba de la Sierra, Cuenca

LOS CORTADOS DE VILLALBA

VENTANO DEL DIABLO

Mira el vídeo
de esta ferrata

LOCALIZACIÓN

Pues qué decir de la Serranía de Cuenca... ¡Es el paraíso de la aventura con fauna salvaje y paisajes chulísimos! En Cuenca puedes ver el casco histórico, sus maravillosas Casas Colgantes y calentar, con las subidas y bajadas, los cuádriceps para lo que viene después: desde descenso de barranco, espeleología, piragüismo, escalada, ferratas..., una buena comida o un buen paseo por la Ciudad Encantada.

CÓMO LLEGAR

El Ventano del Diablo se encuentra en Villalba de la Sierra, y la ferrata sale pegada al Poblado del Salto de Villalba. Para llegar al parking cogemos una pista de tierra que sale a la izquierda de la carretera, yendo hacia el Júcar como si quisiéramos entrar en el Poblado, pero al otro lado del río. Las coordenadas que podemos poner en el GPS en el caso de tener algún problema para localizarla son: **40°14'08.4"N 2°04'22.9"W.**

FICHA TÉCNICA

DURACIÓN
- **Tiempo de acceso:** 5 min
- **Tempo de recorrido:** 60 min
- **Tiempo de regreso:** 15 min

LONGITUD
- **Longitud total:** 2 km
- **Longitud equipado:** 600 m
- **Desnivel total:** 100 m
- **Desnivel equipado:** 100 m

DIFICULTAD
- **Grado:** Dos tramos. La primera parte K3 y un segundo tramo K4 según la web oficial. A nosotros nos parece que no pasa de K3 comparándolo con otras ferratas
- **Factor psicológico:** Medio
- **Desplomes:** 1 moderado
- **Apto para niños:** A partir de 10 años el tramo K3 y a partir de 16 el K4 según la web oficial
- **Escapes:** En el cambio de tramo

EQUIPACIÓN DE LA VÍA
- **Tirolina:** 1
- **Puentes:** 2
- **Rapel:** No
- **Extras:** Recomendable mosquetón de freno para la tirolina

ÉPOCA
- **Estación:** En verano se puede hacer duro por el calor, mejor por la mañana, que está a la sombra
- **Orientación:** NO
- **Estado:** Perfecto estado en junio de 2025
- **Pago:** Sí. En la web oficial dice que está prohibido hacer la ferrata en días festivos y fines de semana de 9:30 a 13 h para evitar aglomeraciones.

MATERIAL
- Disipador de vía ferrata
- Arnés
- Casco
- Guantes recomendables
- Polea doble tándem speed para cable y mosquetón de acero de freno para la tirolina. El mosquetón de freno es importante porque se coge velocidad

DESCRIPCIÓN

Esta vía ferrata se encuentra en Villalba de la Sierra, con vistas al cañón del río Júcar y en una zona de reserva natural. ¡No puede ser más bonito! Antes de comenzar la aventura, lo primero que hay que hacer es acudir al centro ActiJúcar Aventura (hay varios, pero nosotros fuimos a este), donde es necesario inscribirse y pagar la entrada. Si estás federado, tienes descuento (seis euros) y si no lo estás, el precio es de doce euros. Nosotros, para este tipo de actividades que son de riesgo, siempre recomendamos federarse si se va a practicar este deporte con asiduidad. Si la oficina está cerrada, te atienden en el Bar-Piscina del pueblo, donde además de hacerte todos los trámites te dan de comer muy rico.

¡Ojo, ferratero! Este trámite es muy importante porque, al pagar, te entregan una cartulina que debes colocar en el salpicadero del coche. Esta es la forma de evitar una multa, ya que no se puede dejar el coche sin ese permiso dentro de la reserva natural. Hay bastantes guardas forestales que revisan que tengas el papel visible.

La vía está catalogada como K3 en su primer tramo y K4 en el último según la web oficial, aunque a nosotros nos parece que no pasa del K3. Es un plan perfecto para hacer con familia y amigos en un entorno espectacular que, además, es el paraíso de la aventura. Los dos tramos están muy bien diferenciados y hay un cómodo escape al final el tramo K3. Equipada con tiro-

lina, puentes varios, cadenas y plataformas de madera, esta ferrata te ofrece la oportunidad de ver buitres a menos de 3 metros de distancia... Lo dicho, ¡el paraíso de la aventura!

La ferrata arranca muy cerca del aparcamiento, a unos 600 metros. La referencia para localizarla son dos postes grandes de electricidad que sobresalen al final de un sendero de tierra.

APROXIMACIÓN A LA VÍA

El aparcamiento está tomando una rampa de tierra que sale a la izquierda desde la carretera (según se sale del pueblo) y lleva directamente al comienzo de la vía. De nuevo, ¡cuidado aquí! Mucha gente sube al mirador del Ventano del Diablo y piensa que puede aparcar allí, pero en ese mirador solo se puede estacionar durante 45 minutos.

ASCENSO

La ferrata comienza descendiendo, con una travesía horizontal que sale hacia la derecha y con muchas grapas. Hay tramos donde se puede usar la roca para apoyar los pies y jugar un poco en el avance. A un lado está el cañón, y justo enfrente una hidroeléctrica. ¡El agua del río es de un color turquesa muy bonito! (● figura 1).

Tras una travesía horizontal inicial, se llega a un tablón de madera (para máximo cuatro personas) desde donde se ve la caída al río y se empieza a apreciar la altura. Seguimos por un camino de tierra asegurado con cadenas que conduce a una zona amplia con una cueva, perfecta para descansar y disfrutar del paisaje. Justo en este punto, vimos a dos chicos bañándose en el río. ¡Nos dieron mucha envidia porque un 20 de junio con bien de calor y sin bañador es maaaal! Si vienes en verano, ¡siempre con bañador! (aparte del frontal, el aro de cinta, y el mosquetón de seguridad... ya sabes).

En la cueva hay instalada una pequeña tirolina equipada con cable de seguridad (● figura 2). Como sabemos que las tirolinas las carga el diablo, hemos usado el mosquetón de freno con tanto ahínco que a mí me tocó remar porque frené demasiado. La primera vez que fuimos, algún compañero que se tiró con demasiada alegría aterrizó con poca delicadeza y se llevó un moratón a casa. A ver, no fue grave y está bien equilibrada. También es cierto que la tirolina se puede evitar mediante un paso sencillo con grapas justo debajo si a alguien no le apetece hacerla o no lleva el material.

Tras esto, hay una travesía horizontal que bordea el río, seguida de una breve subida vertical y una bajada con cadenas que nos lleva a otra larga travesía horizontal hasta una plataforma de madera. Vamos bordeando el cañón y, de verdad, es todo un espectáculo (● figura 3).

Este tramo está catalogado como K3, con apoyos de pies en roca, muchas grapas y un ligero desplome en la parte final.

Una vez que llegamos a la plataforma, encontramos el escape hacía la izquierda, pero si seguimos la travesía vertical, nos adentramos en el tramo K4. ¡Y eso fue lo que hicimos nosotros!

LA SECCIÓN FINAL

El tramo K4 comienza con una subida vertical que lleva a una pared tumbada asegurada con línea de vida, grapas y cadenas. Desde aquí se ve el río turquesa y un meandro (● figura 4). Luego hay otra subida vertical que gana altura rápidamente, girando a la izquierda, hasta un puente tibetano muy chulo.

Después del puente tibetano, seguimos subiendo en vertical hasta una pequeña plataforma de madera desde la que se ve por fin todo el valle, así como una gran cueva a la que se accede bajando por grapas.

Encima de esta cueva hay otra más pequeña donde suelen estar los buitres. La vez anterior, justo cuando Ana y yo (mi fiel compañera de aventuras) estábamos en la plataforma de madera disfrutando del valle, salió uno volando a solo metro y medio de distancia. Fue una experiencia ¡maravillosa! Tuve otra parecida con un cóndor en una ascensión de alta montaña en Perú. Me fascinan estas aves. Y aunque esta vez no salió ningún buitre de cerca a saludarnos, tuvimos un festín de golondrinas, cuervos y, eso sí, buitres que iban y venían a su antojo sobrevolando todo el valle.

Desde la cueva se ve el mirador del Ventano del Diablo (● figura 6). Para salir, se cruza un pequeño puente mono (● figura 5) que enfrenta el valle y conecta con otra travesía horizontal con ligero desplome, donde hay que abrir bien las piernas para alcanzar los apoyos de roca. Tras esta travesía, se bordea un paredón que se sube en vertical hasta alcanzar la salida de la vía ferrata. Desde allí se ve todo el cañón, el valle y a la izquierda el pueblo.

4

Páginas oficiales de la ferrata

Sigue la ruta en Wikiloc

CONCLUSIÓN

Esta vía ferrata es una experiencia muy completa, es fácil, con paisajes espectaculares, fauna salvaje y con la oportunidad de complementar con cualquier actividad de montaña o aventura. Técnicamente no es exigente, no tiene tampoco las grapas alejadas entre sí ni hay desplomes destacables.

Al terminar, es muy recomendable acercarse al mirador del Ventano del Diablo, que se ve desde el puente mono, para tener otra perspectiva del cañón y el valle. Si te animas y vienes en primavera o verano, es aconsejable hacer la vía por la mañana, ya que por la tarde le da el sol a toda la ferrata.

Justo cuando empezamos la bajada al aparcamiento comenzó una tormenta veraniega con truenos y rayos, lo que hizo la bajada bastante divertida y refrescante. ¡Éramos carne de ser achicharrados por los relámpagos, porque íbamos con un montón de cosas de metal! El camino de vuelta incluso tenía una pequeña cueva tipo vivac muy acogedora.

En resumen, y como nos dijo el hombre que nos dio el permiso de aparcamiento cuando le preguntamos por las ferratas de la zona: «Haced esta ferrata, que es como comer jamón y el resto mortadela». Así que ya sabes, ferratero, ¡a comer jamón!

1

Priego, Cuenca

LAS BUITRERAS

Mira el vídeo de esta ferrata

LOCALIZACIÓN

Misma localización que la del Ventano del Diablo

CÓMO LLEGAR

La Vía Ferrata de las Buitreras sale directamente de la carretera comarcal CM-2023, donde encontramos un pequeño aparcamiento en el caben apenas 8 o 10 coches. El parking está en el comienzo de la ferrata del Estrecho de Priego K3. Se puede poner vía ferrata de las buitreras en Google Maps, pero hay que dejar el coche en la otra y caminar como 200 metros. Las coordenadas exactas son: **40°26'26.8"N 2°16'12.7"W.**

DESCRIPCIÓN

Antes de nada: para acceder a esta vía, es necesario registrarse en la página web www.priegoactivo.es. Tras el registro, recibirás un código para abrir la cancela al inicio de la vía, y al fina-

FICHA TÉCNICA

DURACIÓN
- **Tiempo de acceso:** 5 min
- **Tempo de recorrido:** 90 min
- **Tiempo de regreso:** 5 min

LONGITUD
- **Longitud total:** 500 m
- **Longitud equipado:** 280 m
- **Desnivel total:** 60 m
- **Desnivel equipado:** 60 m

DIFICULTAD
- **Grado:** K4
- **Factor psicológico:** Medio/alto
- **Desplomes:** 2, el primero muy marcado
- **Apto para niños:** No
- **Escapes:** No específicos

EQUIPACIÓN DE LA VÍA
- **Tirolina:** No
- **Puentes:** 3
- **Rapel:** No
- **Extras:** Recomendable mosquetón de freno para la tirolina

ÉPOCA
- **Estación:** En verano se puede hacer duro por el calor, mejor por la mañana, que está a la sombra
- **Orientación:** NO
- **Estado:** Perfecto estado en junio de 2025
- **Pago:** Sí. Ver la web www.priegoactivo.es para realizar el pago y conseguir los códigos para acceder a la ferrata

MATERIAL
- Disipador de vía ferrata
- Arnés
- Casco
- Guantes recomendables
- Cuerda de autorrescate y material de rapel por si hay algún problema

lizar, otro código que se envía por correo electrónico para cerrar la puerta. Es bastante curioso entre grapa y grapa abrir una cancela y pasar por esa pequeña trampilla... Esta vía está protegida y su acceso está, como ves, muy controlado para proteger la nidificación de las aves.

La vía ferrata son 3 en 1: la vía ferrata de las Buitreras (K4), la del Estrecho (K3) y la Pasarela (K1). Al tener varios tramos, se vuelve bastante atractiva, ya que puedes decidir a qué nivel quieres acceder y su recorrido, un tanto confuso al principio, tiene puentes, desplomes, pasarelas de madera, golondrinas, buitres y mucha altura.

En esta ocasión nos hemos lanzado a por el K4, con un desplome muy marcado de unos 7/8 metros en el que yo lo pasé regular y del que salí con mucho esfuerzo y una buena sudada.

APROXIMACIÓN A LA VÍA

El parking se sitúa a mano derecha junto a la carretera, con unas 8 o 10 plazas. Desde allí, hay que caminar unos 250 metros por el arcén, con precaución, hasta encontrar un sendero a la derecha con señalización. Este camino asciende dejando la carretera a la izquierda y un gran paredón a la derecha donde ya vemos las grapas, la línea de vida y el desplome del comienzo.

ASCENSO

La vía comienza con una ascensión vertical que gana altura rápidamente. Las primeras 10 grapas llevan a una verja metálica con un cajetín donde se introduce el código recibido. Dentro, hay una llave que abre la cancela, tras la cual continúa la vía ferrata con más grapas y progresión vertical. ¡Nos encantó el rollito de la llave y el código! Fue como llegar a un hostal y buscar tu habitación...

El primer tramo asciende en vertical por un desplome agresivo, clasificado como K4, aunque para mí fue como un K6. ¡Vamos a ver! A mí se me dan fatal los desplomes, pero es que este es un extraplomo de 45° sostenido de unos 8 metros.

Después de varios intentos heroicos (y poco elegantes), me enfrenté al famoso desplome. En teoría, era solo un paso más de la vía ferrata... En la práctica, acabé colgando como un chorizo ibérico al tercer intento de subir. Literalmente horizontal, con el culo apuntando al abismo colgada con el cabo de anclaje. En ese momento, a Roberto se le ocurrió una idea: lanzar mi mochila a la plataforma metálica que habíamos abierto antes con la llave. Claro, porque el peso de la mochila tiraba hacia atrás...

Roberto, muy calmado, me dijo con voz de guía experto polar: «Tírame la mochila, Mir, que la cojo yo y luego la subimos con la cuerda». Y como yo soy muy obediente, se la tiré. Hasta que, claro, caímos en cuenta de que... la cuerda *estaba dentro de la mochila*. ¡Brillante!

Ahí me tienes, colgando de la pared, intentando salir del desplome como buenamente podía, mientras abajo estaba Roberto, con el móvil en una mano

4

grabando el vídeo, y en la otra una cámara que pesa como una lavadora industrial. Todo para conseguir «la fotaca» para el libro (● figura 1).

Y mientras yo sudaba la gota gorda, Roberto me animaba: «¡Venga! ¡Sepárate de la pared! ¡Pon postura de ferratera!».

Me arrastré grapa a grapa fuera del desplome del infierno, me anclé a la pared como una campeona y esperé allí arriba, mientras Roberto se preparaba para subir con dos mochilas a su espalda. Total, ¿qué son 20 kilos extra cuando ya vas a escalar un desplome de 8 metros que te deja paralelo al suelo?

Finalmente nos reencontramos en el punto vertical, me pasó la mochila y seguimos la vía ferrata (con menos dignidad que al principio, pero con anécdota que contar).

PARTICULARIDADES DE LA FERRATA

Seguimos ascendiendo por la pared hasta llegar a una breve travesía horizontal, para después enfrentar una subida en vertical con otro desplome (● figura 2) que nos lleva a una repisa donde se ven las hoces y los buitres.

La repisa nos conduce a una faja (que nos recuerda a las de Ordesa, pero en pequeñito) donde nos encontramos un paso expuesto en una esquina con un salto que requiere apertura de piernas para alcanzar el siguiente tramo de pared (● figura 3). Tras superarlo, se desciende verticalmente a una travesía horizontal a la derecha, con dos desplomes (uno más pronunciado al final), en un paredón liso de unos 35 metros, con vistas a la carretera, el río y disfrutando de abundantes aves durante todo el recorrido. Durante este tramo podemos ver las reuniones de vías de escalada que se entrecruzan con la ferrata. Tras el último desplome, se sube brevemente por una bonita sección sin dificultades técnicas (● figura 4).

LA SECCIÓN FINAL

Una vez que salimos del último desplome comienza el descenso; la bajada se realiza por un sendero asegurado con línea de vida, combinando tramos caminables, pequeñas bajadas por grapas y puentes mono pequeños —o los kuki puentes, como los hemos bautizado Roberto y yo—. Ya casi en la última parte del recorrido, llegamos a una trifurcación donde confluyen los finales de los tramos K1, K3 y K4. Hay señalización que prohíbe retroceder por los tramos K1 y K4 para evitar cruces peligrosos.

Finalmente, llegamos a unas pasarelas de madera (● figura 5) ancladas a la roca que bordean la montaña con el río a la izquierda y que conducen de vuelta al parking. Para salir, se utiliza otro cajetín con código para obtener la llave y abrir la cancela. La vía hace un recorrido circular muy bien pensado y señalizado.

CONCLUSIÓN

Página oficial de la ferrata

Sigue la ruta en Wikiloc

Quizás la dificultad de esta vía esté, especialmente, en el desplome inicial y en la altura de la pared que, desde luego, impresiona. Requiere esfuerzo físico y tiene un punto psicológico importante. Es una vía ferrata perfecta para hacer junto con el Ventano del Diablo y combinar algo más tranquilo con una vía un poco más exigente. Además, si la haces al atardecer vas a poder disfrutar del espectáculo de las Hoces de Cuenca. ¡Venga! ¡Que no te dé pereza apretar en el desplome y calentar un poco los brazos! (si se te hace muy duro, llévate a Roberto, que le tiras la mochila y te la sube sin despeinarse).

1

Libros, Teruel

PEÑA DEL CID

Mira el vídeo de esta ferrata

LOCALIZACIÓN

En el corazón de Libros, un encantador pueblo de la provincia de Teruel, se encuentra la Vía Ferrata Peña del Cid, con desplomes varios y mucho apoyo en roca. En Libros no solo podemos disfrutar de las vías ferratas, sino también de las antiguas minas de azufre y las casas cuevas donde vivían los mineros con sus familias. ¡Visita completa de aventura y cultura!

CÓMO LLEGAR

Situada —al igual que la Vía Ferrata Peña Grajera— en Libros, Teruel. Hay que dejar el coche en la plaza Mayor, simplemente poniendo esa ubicación en Google Maps o las coordenadas **40°09′42.5″N 1°14′03.9″W.**

En la misma plaza encontramos dos carteles, uno para esta vía y otro para la peña Grajera, en este caso hay que cruzar la carretera y hacer un sendero hacia la montaña que aún no es visible, como se explica en la descripción.

FICHA TÉCNICA

DURACIÓN
- **Tiempo de acceso:** 35 min
- **Tempo de recorrido:** 1 hora
- **Tiempo de regreso:** 30 min

LONGITUD
- **Longitud total:** 4,5 km
- **Longitud equipado:** 180 m
- **Desnivel total:** 147 m
- **Desnivel equipado:** 80 m

DIFICULTAD
- **Grado:** K3+
- **Factor psicológico:** medio, pared vertical aérea
- **Desplomes:** 3 ligeros
- **Apto para niños:** Sí, con experiencia y 140 cm de altura
- **Escapes:** Con rapel de abandono. No específicos

EQUIPACIÓN DE LA VÍA
- **Tirolina:** No
- **Puentes:** 1
- **Rapel:** No
- **Extras:** No

ÉPOCA
- **Estación:** En verano se puede hacer duro por el calor, mejor por la tarde, que está a la sombra
- **Orientación:** Primera parte hasta el agujero es NE y se termina la ruta por la cara sur
- **Estado:** Perfecto estado en 2024
- **Pago:** No

MATERIAL
- Disipador de vía ferrata
- Arnés
- Casco
- Guantes recomendables

DESCRIPCIÓN

La Vía Ferrata Peña del Cid es una ruta un tanto exigente y emocionante que no deja indiferente a quienes buscan una aventura aérea. Está clasificada entre K3 y K4, y esta vía combina desplomes, pasos técnicos y vistas impresionantes, todo en un entorno natural incomparable.

APROXIMACIÓN A LA VÍA

El recorrido comienza en la plaza del pueblo de Libros, donde podemos dejar el coche. Desde aquí, cruzamos la carretera, el río y un pequeño parque infantil antes de seguir un camino de tierra que se adentra en un bosque. La aproximación dura aproximadamente 30 minutos, dependiendo del estado del terreno, que puede estar algo embarrado si ha llovido recientemente.

Mientras caminamos, el paisaje se transforma. Al avanzar por el sendero, aparece ante nosotros el majestuoso monolito de roca con su característico agujero, una figura que anticipa la aventura por venir (● figura 8). Al llegar a este punto, es importante prestar atención a las indicaciones: debemos tomar el sendero que bordea el monolito por la derecha, ya que el camino que sube directamente nos llevaría al final de la ruta.

4

ASCENSO

La vía comienza con una sección vertical y directa, en la que rápidamente sentimos la intensidad del recorrido. En el primer tramo nos enfrentamos a un pequeño desplome (● figura 1) que pone a prueba nuestros brazos mientras utilizamos los apoyos de los pies en la roca. Este es un rasgo distintivo de la Peña del Cid: aunque bien equipada, la vía exige interactuar constantemente con el terreno natural.

Superado este primer obstáculo, la ruta continúa con un ascenso más exigente, enfrentando un segundo desplome de mayor agresividad (● figura 2). Este tramo nos lleva a un pequeño descanso, un espacio donde podemos anclarnos, tomar aire y admirar las vistas (● figura 3). Desde aquí, la vía vuelve a retomar su verticalidad, presentando un paso técnico en una pared horadada (● figura 4). Este momento demanda algo de habilidad en escalada, usando huecos y apoyos para avanzar.

PARTICULARIDADES DE LA FERRATA: TRAVESÍA HORIZONTAL QUE RODEA EL MACIZO

Tras el esfuerzo del ascenso, la vía cambia de carácter, adentrándose en un tramo horizontal que rodea el macizo. En este punto, hay que prestar especial atención a las grapas, que en algunos momentos están más alejadas, obligándonos a confiar en los apoyos naturales de la roca para los pies (● figura 5). Este es uno de los pasos más técnicos de la ruta, pero a la vez de los más emocionantes.

Avanzando por esta travesía, encontramos un árbol solitario (● figura 6) que marca el comienzo de una nueva sección vertical con un ligero desplome. Este tramo culmina en el agujero característico del monolito, un paso

único que requiere girarse y enfrentar la pared directamente. Aquí, la técnica y el equilibrio son clave para superarlo.

LA SECCIÓN FINAL

Superado el agujero, alcanzamos la cima del macizo de piedra, donde las vistas son simplemente espectaculares (● figura 7). Desde este punto, un giro de 360 grados revela toda la majestuosidad del valle, un momento para detenerse, respirar y disfrutar del logro alcanzado. La cresta final es estrecha y muy aérea, acentuando la sensación de vértigo, pero añadiendo también un toque épico al recorrido. Nos ha recordado a la cresta de Sobrón.

El descenso presenta dos opciones: puedes hacer un rapel o destrepar por las grapas de bajada.

Si tomas la opción del rapel verás que es posible realizar varios rapeles, pero este método puede ser más lento, ya que las travesías intermedias obligan a desanclarse y volver a preparar la cuerda. Es una opción técnica que añade un desafío extra para los más experimentados.

La opción del descenso utilizando las grapas instaladas en la pared es la más sencilla y rápida, gracias a la buena equipación de la vía. La desescalada dura entre 15 y 20 minutos y resulta cómoda sobre todo para quienes no desean complicarse con cuerdas.

El regreso a la plaza del pueblo se realiza por el mismo sendero que nos trajo desde Libros.

CONCLUSIÓN

Sigue la ruta en Wikiloc

La Vía Ferrata Peña del Cid nos encantó. Nos pilló el otoño y además de tener unas vistas coloridas e inspiradoras, la vía combina verticalidad y desafío técnico. Como comenté anteriormente, tiene varios desplomes, las grapas se alejan en algunos tramos y los apoyos frecuentes en roca le dan un punto muy chulo. El componente psicológico es un factor a tener en cuenta, ya que es una vía muy expuesta.

1

Libros, Teruel

PEÑA GRAJERA

Mira el vídeo de esta ferrata

COMO LLEGAR

Situada, al igual que la Vía Ferrata Peña del Cid, en Libros, Teruel. Hay que dejar el coche en la plaza Mayor, simplemente poniendo esa ubicación en Google Maps o las coordenadas **40°09'42.5"N 1°14'03.9"W.**

En la misma plaza encontramos dos carteles, uno para esta vía y otro para la Peña del Cid, en este caso estamos al lado del comienzo de la ruta.

FICHA TÉCNICA

DURACIÓN
- **Tiempo de acceso:** 5 min
- **Tempo de recorrido:** 1 h
- **Tiempo de regreso:** 15 min

LONGITUD
- **Longitud total:** 1 km
- **Longitud equipado:** 100 m
- **Desnivel total:** 90 m
- **Desnivel equipado:** 70 m

DIFICULTAD
- **Grado:** K3
- **Factor psicológico:** Medio, pared vertical aérea
- **Desplomes:** 3 ligeros
- **Apto para niños:** Sí
- **Escapes:** Con rapel. No específicos

EQUIPACIÓN DE LA VÍA
- **Tirolina:** No
- **Puentes:** 1
- **Rapel:** No
- **Extras:** No

ÉPOCA
- **Estación:** En verano se puede hacer duro por el calor, mejor por la tarde, que está a la sombra
- **Orientación:** NE
- **Estado** Perfecto estado en 2024
- **Pago:** No

MATERIAL

Para esta vía no es necesario llevar nada de material extra aparte del kit básico. Como siempre, es recomendable llevar una cuerda de abandono, aunque en este caso no es muy necesaria.

- Disipador de vía ferrata
- Arnés
- Casco
- Guantes recomendables

DESCRIPCIÓN

Esta vía ferrata es bastante breve pero intensa, y combina la verticalidad con vistas espectaculares del pueblo, ofreciendo un recorrido muy accesible para todos aquellos con un mínimo de preparación en ferratas.

APROXIMACIÓN A LA VÍA

Dejamos el coche en la plaza del pueblo de Libros y desde aquí, a tan solo un minuto y medio caminando, un cartel nos guía hacia la base de la vía, que se encuentra en la pared frente al pueblo, claramente visible desde el inicio.

3

4

ASCENSO

Esta vía se caracteriza por su verticalidad de unos 70 metros de altura. Las grapas, que no están muy separadas entre sí, nos llevan en un ascenso directo, con una sensación aérea que nos acompaña durante todo el recorrido (● figuras 3-4).Algún tramo que otro tiene desplomes poco pronunciados. A mitad de la vía, un puente mono añade un toque emocionante, desde donde se aprecian vistas privilegiadas al pueblo y al valle (● figura 1).

Página oficial de la ferrata

Sigue la ruta en Wikiloc

LA SECCIÓN FINAL

El tramo final no decepciona: un par de escaleras metálicas estrechas y cortitas nos ayudan a superar un pequeño desplome que culmina en la cima del paredón. Desde este punto, la panorámica se amplía, revelando el otro lado del valle (● figura 5).

El descenso es sencillo y bien señalizado. Un sendero rodea la montaña por la parte trasera, llevándonos de vuelta a la plaza del pueblo en unos 15 o 20 minutos. Esta caminata es el momento perfecto para relajarse, respirar hondo y disfrutar del paisaje antes de regresar al punto de partida.

CONCLUSIÓN

Catalogada como un K3 debido a su exposición y verticalidad, hemos de decir que técnicamente no es complicada, pero su naturaleza aérea puede provocar vértigo en algunos tramos. Sin embargo, está muy bien equipada, lo que la convierte en una opción segura y disfrutona. Es una vía perfecta para iniciarse en este deporte y para quienes buscan una experiencia intensa en poco tiempo, con el plus de las vistas inolvidables que regala el recorrido.

1

Enguera, Valencia

FUENTE GODALLA

Mira el vídeo
de esta ferrata

LOCALIZACIÓN

La Vía Ferrata Fuente Godalla está ubicada en la localidad de Enguera, en la provincia de Valencia. Tierra de vinos, rutas de senderismo y castillos. Si después de hacer la ferrata aún sigues con fuerzas, es muy recomendable visitar alguna de sus bodegas o el castillo de la Encomienda, visitar sus ruinas y disfrutar de su enclave declarado bien de interés cultural.

CÓMO LLEGAR

Esta ferrata comienza desde un aparcamiento muy pequeño, con capacidad para unas 3 plazas, enfrente de una casa rural, a escasos 200 metros de Enguera. Justo al lado aparece el cartel indicativo de la vía con toda la información necesaria. Para llegar encontramos el punto poniendo en Google Maps: Vía Ferrata Fuente Godalla o las coordenadas **38°58'25.1"N 0°40'59.9"W.**

FICHA TÉCNICA

DURACIÓN
- **Tiempo de acceso:** 20 min
- **Tempo de recorrido:** 50 min
- **Tiempo de regreso:** 20 min

LONGITUD
- **Longitud total:** 2,5 km
- **Longitud equipado:** 180 m
- **Desnivel total:** 145 m
- **Desnivel equipado:** 108 m

DIFICULTAD
- **Grado:** Tres tramos diferenciados con dificultades K2, K3 y K6
- **Factor psicológico:** Medio/alto. El tramo K6 tiene cambios complicados en la línea de vida. Los puentes y la tirolina añaden un extra de adrenalina
- **Desplomes:** 1, sin contar el tramo opcional de K6
- **Apto para niños:** Sí, con experiencia y 140 cm de altura
- **Escapes:** Con rapel de abandono. No específicos

EQUIPACIÓN DE LA VÍA
- **Tirolina:** 1 de 70 m
- **Puentes:** 2
- **Rapel:** 3 opcionales, no es necesario hacer ninguno
- **Extras:** Recomendable mosquetón de freno para la tirolina

ÉPOCA
- **Estación:** En verano se puede hacer duro por el calor, mejor por la mañana, que está a la sombra
- **Orientación:** SO
- **Estado:** Perfecto estado en abril de 2025
- **Pago:** No

MATERIAL
- Disipador de vía ferrata
- Arnés
- Casco
- Guantes recomendables
- Opcional pero útil en el desplome: pies de gato para el tramo K6, ya que tiene pocos agarres y pequeños y hay que progresar sobre la roca

DESCRIPCIÓN

Consta de tres tramos muy bien diferenciados y con distintos niveles: K2, K3 y K6, y permite retroceder dependiendo del camino que se escoja.

Esta ferrata se encuentra en un entorno natural agradable, con una combinación de bosque de pinos, zonas rocosas y una vía que permite tanto disfrutar como exigirse físicamente, dependiendo de la ruta elegida.

APROXIMACIÓN A LA VÍA

Desde el cartel de inicio, se toma una senda a la izquierda, señalizada por un cartel que indica el paso hacia un bosque de pinos y que bordea una valla de una casa.

A modo de guía seguiremos los hitos y las flechas blancas. El sendero comienza a ganar altura, con una inclinación progresiva. Cuando veas un tronco caído y roto a modo serie de «from», lo atraviesas y, tras girar a la derecha, ahí encontrarás el comienzo de la vía ferrata.

ASCENSO

La ferrata arranca con un tramo vertical de roca con grapas bastante juntas, catalogado como un K2. Es una pared que tumba (es decir, con inclinación positiva) y además es un tramo corto, por lo que puedes evitar usar las grapas y buscar apoyos en la roca para ir calentando y hacerlo más divertido (nosotros siempre tratamos de usar roca y jugar un poco) (● figura 2).

Al terminar este primer tramo, hay una bifurcación:

Si vas a la izquierda, te encuentras con un desplome pronunciado, catalogado entre K5 y K6 (oficialmente marcado como K6 en el cartel y después del intento de Roberto oficialmente K6 para nosotros) (● figura 1). El desplome K6 se caracteriza no solo por la inclinación negativa, sino también por el uso de grapas pequeñas que resultan dolorosas al agarre y resbaladizas para los pies. La dificultad no reside tanto en la inclinación del desplome como en el tamaño y distancia de los agarres.

En medio del desplome hay que realizar un cambio de línea de vida, lo cual añade dificultad técnica y psicológica.

Este tramo es lo suficientemente técnico como para considerar el uso de pies de gato, debido a la lisura de la roca. Intenté hacerlo, pero, no pude. Roberto tampoco, era la primera ferrata de un largo fin de semana y aunque entrenamos, siempre cuesta arrancar. Tenemos que volver, somos unos picaos...

Si nos vamos a la derecha, tenemos la opción de bordear el desplome por una cornisa superior, accediendo a un tramo de K3. Este sí lo hicimos...

3

4

PARTICULARIDADES DE LA FERRATA: BIFURCACIONES Y OPCIONES VARIAS

Una vez que se termina el tramo K3, aparecen tres opciones: puedes hacer un rapel de 25 metros, puedes atravesar un puente tibetano de 80 metros o una tirolina de 70 metros.

Nosotros cruzamos por el puente (● figura 6), ya que la tirolina exigía sistema de frenado y no llevábamos los mosquetones de freno. No quisimos rapelar, ya que una vez que desciendes, tienes que volver a hacer el tramo K3 para llegar al puente. Pero, como ves, hay posibilidades infinitas para jugar un buen rato en plena naturaleza...
Justo al salir del puente tibetano, nos encontramos con otro puente con listones de madera (● figura 3) que ya nos permite ver todo el escenario de Enguera.

Ahora toca una travesía horizontal hacía la izquierda, con bastantes agarres en roca para pies y manos en la piedra que mi amiga Ana Lavín y yo denominamos «quesito cheddar» porque está llena de agujeros fantásticos para las manos.

Es en esta travesía donde están situados los péndulos, aunque son un tanto particulares: dos cadenas paralelas con dos grandes argollas y... arréglatelas para pasar, ¡echa imaginación y cada uno como pueda! (● figura 4).

Sigue con la travesía horizontal que va ganando altura hasta salir a la cima de la montaña y finalizar la vía! (● figura 5). Aprovecha para disfrutar de las vistas desde lo alto del pueblo de Engera y su campanario, y retoma desde este punto el sendero de vuelta al aparcamiento.

En general, la vía se destaca por el uso constante de apoyos en roca natural. Como comentábamos, la roca caliza está muy agujereada, lo que permite moverse «jugando» entre la escalada y la ferrata clásica.

Sigue la ruta en Wikiloc

CONCLUSIÓN

La Vía Ferrata Fuente de Godalla es una propuesta muy interesante para quienes buscan algo más que una simple progresión vertical. Técnicamente, es una vía variada: permite a los principiantes evitar los tramos más duros (por ejemplo, el desplome K6), mientras que ofrece un reto importante para los más experimentados, ya que presenta opciones de dificultad y secciones técnicas que desafían sin ser imposibles.

Sensorialmente, destaca el entorno natural del bosque de pinos, la roca caliza y la experiencia de combinar tramos verticales con travesías horizontales, zonas de escalada ligera y elementos técnicos bien pensados.

Perfecta tanto para quienes se están iniciando y quieren experimentar un tramo más exigente como para ferrateros con experiencia que buscan sensaciones y juego en la roca.

5

6

1

Benidorm, Alicante

PONOIG/ PONOTX

Mira el vídeo de esta ferrata

LOCALIZACIÓN

La Vía Ferrata Ponotx se encuentra en la localidad de Polop de la Marina, en la montaña de Ponotx que también recibe el nombre del León Dormido, debido a la silueta de la montaña. Está situada a pocos kilómetros de Benidorm, en la provincia de Alicante.

Una de las particularidades de esta ferrata es su proximidad a la costa, por lo que, si te animas a hacer la actividad en un día caluroso, puedes terminar la jornada con un baño en las playas de Levante o Poniente, o visitar alguna cala cercana.

Si el día no es propicio para bañarse, una buena alternativa es acercarse al Castell de Guadalest, cuyo pueblo, enclavado en la roca con un embalse gigante de color turquesa está catalogado como uno de los más bonitos de España.

CÓMO LLEGAR

La Vía Ferrata del Ponoig, o Ponotx, se encuentra a unos 10 kilómetros de la costa, muy cerca de Benidorm. En Google Maps hay que poner parking Vía Ferrata Ponoig, o las coordenadas **38°36'57.2"N 0°08'58.8"W.** El destino es un pequeño parking al oeste de Polop donde encontramos un helipuerto. Desde aquí ya se puede ver la figura característica del león tumbado donde reside la ferrata.

FICHA TÉCNICA

DURACIÓN
- **Tiempo de acceso:** 10/15 min
- **Tempo de recorrido:** 90 min para 2 personas
- **Tiempo de regreso:** 70 min

LONGITUD
- **Longitud total:** 2 km
- **Longitud equipado:** 250 m
- **Desnivel total:** 300 m
- **Desnivel equipado:** 130 m

DIFICULTAD
- **Grado:** K3
- **Factor psicológico:** Medio/alto. Secciones aéreas y el rapel tiene algún tramo volado
- **Desplomes:** Ninguno reseñable
- **Apto para niños:** No muy recomendable
- **Escapes:** No

EQUIPACIÓN DE LA VÍA
- **Tirolina:** No
- **Puentes:** No
- **Rapel:** 2. Uno de 35 m que obliga a llevar una cuerda larga de 70 m o, en su defecto, unir dos más pequeñas
- **Extras:** No

ÉPOCA
- **Estación:** En verano se puede hacer duro por el calor, mejor por la tarde que está más a la sombra
- **Orientación:** SE
- **Estado:** Perfecto estado en abril de 2025
- **Pago:** No

MATERIAL
- Casco
- Arnés
- Disipador de vía ferrata
- Guantes
- Cuerda mínima de 70 m para rapelar el tramo final (o 2 cuerdas unidas para cubrir los 35 m del segundo rapel. Nosotros usamos el nudo pescador para unir las cuerdas)
- Tu descensor preferido para rapelar (cesta, ocho, grigri...). A nosotros nos gusta asegurar el rapel con un pato (shunt)
- Zapatillas de buen agarre para descensos con terreno suelto. Hay tramos expuestos con gravilla muy empinados

DESCRIPCIÓN

Como señalamos anteriormente, la Vía Ferrata Ponotx se encuentra en el macizo del Ponoig, una montaña conocida como el León Dormido por su perfil. Esta vía, aunque no ofrece gran dificultad en el ascenso, tiene dos rapeles de 30 y 35 metros, por lo que es adecuada para ferrateros experimentados y con conocimientos de escalada. Ofrece una experiencia vertical, técnica y con vistas espectaculares al mar Mediterráneo, siendo perfecta para quienes buscan una actividad intensa pero disfrutable.

APROXIMACIÓN A LA VÍA FERRATA

El camino de acceso, en subida pronunciada casi desde el inicio, no está claramente marcado, lo que puede generar confusión. De hecho, nos perdimos en los primeros metros, al igual que otros montañeros que estaban intentando encontrar el inicio del camino.

El sendero transcurre entre pinares, con una subida zigzagueante de piedras durante unos 30 minutos. Hay puntos amarillos marcados en la roca, que son la guía para no perderse.

La subida se vuelve más empinada a medida que vamos avanzando, con mucha roca y arbustos. A la derecha empiezan a abrirse las vistas hacia el mar y a la izquierda se perfila el León Dormido.

En el último tramo de subida antes de la ferrata, la pendiente es considerable y entra el gusanillo de escalar. Desde allí ya estamos muy cerca del inicio oficial de la vía.

ASCENSO

La ferrata comienza con una subida vertical equipada con bastantes grapas (● figura 2). Aunque hay zonas de descanso, en general el recorrido es muy vertical y expuesto (● figura 3). Rápidamente se coge altura, lo que permite disfrutar del paisaje, que es impresionante; aunque nosotros tuvimos un día muy ventoso que añadió un punto de dificultad, la verdad. Ha sido la primera vez que hemos sentido cómo un día de tanto viento puede condicionar de esa manera la subida...

Durante el ascenso, hay algún que otro paso atlético donde es necesario buscar apoyos naturales en la roca tanto para manos como para pies. Aunque no hay grandes desplomes, sí encontramos pequeños desplomes sostenidos que exigen esfuerzo físico y buena técnica (● figura 1).

3

DE LA FERRATA: SI TE PILLA VENTISCA, AGÁRRATE LOS MACHOS

Lo más llamativo de esta vía es la verticalidad constante y la exposición, que puede impresionar a quienes no estén acostumbrados (● figura 4). El viento puede ser un factor importante a tener en cuenta, ya que el trazado está bastante expuesto.

LA SECCIÓN FINAL: RAPELES CON VISTAS AL MAR

Tras finalizar el tramo equipado, se accede a la cima de la montaña. Desde ahí se sigue un sendero estrecho y señalizado con puntos amarillos que bordea la montaña. Una referencia importante es un pino grande que debe quedar a la izquierda: el camino pasa entre este pino y el borde de la montaña.

Más adelante, el sendero presenta una bifurcación. Se debe tomar la opción que baja en pendiente pronunciada hacia el rapel, aunque el camino no está bien marcado y es posible perderse.

Una vez que llegamos al primer rapel (● figura 5) es muy importante anclarse a la línea de vida y organizarse de uno en uno para bajar, habiendo montado adecuadamente la reunión. Entre un rapel y otro, hay una pequeña repisa para descansar y montar, tranquilamente, el segundo descenso. En cuanto a los rapeles, hay que tener en cuenta lo siguiente:

Primer rapel: 25 metros. La pared está ligeramente tumbada. La plataforma es cómoda para instalarse, preparar el rapel y el descenso.

Segundo rapel: 35 metros. Mucho más vertical y expuesto. En la última parte hay un pequeño tramo volado.

¡ATENCIÓN CON LAS CUERDAS!

Si no tienes una cuerda tan larga, como es nuestro caso (nosotros tenemos 2 cuerdas de escalada de 60 metros cada una), podéis llevar 2 más cortas y unirlas con nudo pescador para poder realizar el segundo rapel completo. Para hacer estas maniobras es importante saber manejar el ocho, la cesta y nudos varios, y para el sistema de frenado, un pato (shunt), aunque también se puede hacer un machard con un cordino de 6-7 mm.

¡Ojo! Si no llevas cuerda suficiente, puedes quedarte colgando en el tramo volado, ya que no hay pared para apoyarse...

P. D: Se viene anécdota: a Roberto se le atascó el pato y se quedó pillado a medio metro del suelo hasta que consiguió desbloquearlo, momento que aproveché para hacerle unas fotos colgando como un chorizo. Es muy importante llevar el pato con un cordino de 3 mm para desbloquearlo en caso de que muerda la cuerda.

VALORACIÓN TÉCNICA Y SENSORIAL

Técnicamente, es una vía muy completa, sin grandes complicaciones, pero con momentos físicos exigentes, exposición constante y variedad de terrenos. El momento del rapel le da una dificultad técnica añadida a la vía. Es mejor haberlo hecho anteriormente; en caso de ser primerizos, mejor contar con la ayuda de un guía.

Sensorialmente, es espectacular: vistas al mar, ambiente montañero, brisa del Mediterráneo (o viento que te cagas en nuestro caso). Una delicia para los sentidos.

Sigue la ruta en Wikiloc

CONCLUSIÓN

La Vía Ferrata de Ponotx es una joya en la Costa Blanca que combina aventura, técnica y paisaje. Su cercanía con el mar y pueblos como Benidorm o Guadalest son la guinda del pastel para un día redondo. Plan perfecto para quienes ya tienen experiencia previa en ferratas y conocimientos de escalada básica, y desean una actividad intensa con final de altura... y de cuerda.

5

1

Elda, Alicante

EL BOLÓN

Mira el vídeo
de esta ferrata

LOCALIZACIÓN

Esta vía ferrata está enclavada en el secarral alicantino cerca de la localidad de Villena. Sus montañas rocosas son de piedra y paredes calizas donde destacan los paisajes áridos.

Muy cerca de la ferrata, y para los amantes de la historia medieval, se encuentra el castillo de la Atalaya, en la cumbre de Villena. Una fortaleza que pertenece al Imperio almohade y data del siglo XII. Tiene un amplio horario de visitas y es una de esas joyas nacionales que merece la pena visitar.

COMO LLEGAR

La ferrata de El Bolón se encuentra en la población de Elda. Llegar al punto donde se deja el coche no tiene mayor complicación, deberemos poner en el Google Maps: aparcamiento ferrata Bolón o las coordenadas **38°28'23.7"N 0°48'28.6"W.** Es una lomita de tierra pegada a la carretera y desde allí vemos el cartel con las señales para la vía.

FICHA TÉCNICA

DURACIÓN
- **Tiempo de acceso:** 10 min
- **Tempo de recorrido:** 120 min para 2 personas
- **Tiempo de regreso:** 20 min

LONGITUD
- **Longitud total:** 1 km
- **Longitud equipado:** 700 m
- **Desnivel total:** 210 m
- **Desnivel equipado:** 200 m

DIFICULTAD
- **Grado:** Tramo inicial K1 y K2 familiar con escape (el Mirador de Elda) y a continuación tramo más exigente K3. Al final de la ferrata hay otro tramo K2 de bajada para la vuelta al parking
- **Factor psicológico:** Bajo y medio en el K3 con algún punto más vertical y la tirolina
- **Desplomes:** 1 suave
- **Escapes:** 1 al final del tramo K2

EQUIPACIÓN DE LA VÍA
- **Tirolina:** una de 70 m perfectamente equilibrada. Tiene un cable alternativo para el mosquetón de freno, pero no es necesario
- **Puentes:** 4
- **Rapel:** No
- **Extras:** Posibilidad de encontrar pavos en lugares imposibles

ÉPOCA
- **Estación:** En verano se puede hacer duro por el calor, evitar las horas centrales del día
- **Orientación:** Diferentes a lo largo de la vía
- **Estado:** Perfecto estado en abril de 2025
- **Pago:** No, pero hay que inscribirse en la web de turismo de Elda

MATERIAL
- Casco, arnés y disipador
- Polea para la tirolina
- Guantes (recomendados). En este caso no hay que tirar mucho de brazos y no resultan tan necesarios
- Zapatillas técnicas o botas de montaña
- Cuerda opcional para autorrescate. Nosotros solemos llevar una cuerda de 8,5 mm y 60 m por si surge cualquier problema. En esta vía la utilizamos para un rescate en la tirolina

DESCRIPCIÓN

El Bolón es una vía ferrata integral que combina varios niveles: tramos familiares (K1-K2) con secciones técnicas y atléticas (K3), tirolina, puentes y pasos sin grapas con apoyos en la roca para pies y manos. Cada tramo de la vía está muy bien diferenciado y se pueden hacer todos seguidos, uno detrás de otro a modo de circuito, o solo una parte, tomando los diferentes escapes que hay a lo largo de todo el recorrido. ¡Perfecta para quienes buscan una actividad divertida y completa con toques de aventura!

En esta vía ferrata nos han acompañado Dani y Christel, compañeros de aventuras y de universidad. Christel invitó a su amiga Ana, que nos había dicho que le gustaba la aventura... Pero, ya en el coche, de camino a enfrentarnos a una Semana Santa llena de ferratas y escalada, ¡nos dijo que le daba pereza escalar...! ¡Todos soltamos una carcajada y pensamos que iba a pasarse días de mucho terraceo, ya que le tocaba esperarnos! Fue entonces cuando surgió la mítica frase de nuestra amiga Ana en el coche: «¡Qué pereza escalar!», dándole su nombre alternativo a la vía: *La de «¡Qué pereza escalar»: Supervivencia en el secarral.*

A LA VÍA FERRATA

Desde el aparcamiento, hay unos 10 minutos de subida ligera hasta el primer tramo K1. La ruta está muy bien marcada y no presenta complicaciones. Se sube por la senda del Vía Crucis, señalizada con un cartel, y se alcanza rápidamente el inicio de la vía, donde se encuentra el cartel indicativo.

ASCENSO

Vía ferrata familiar, el Mirador de Elda K1

El primer tramo está catalogado como K1, no presenta mayor dificultad y permite relajarse, disfrutar del paisaje e ir calentando los dedillos. Este tramo incluye un puente nepalí que apenas

tiene altura, pero sí es bastante largo... ¡25 metros para familiarizarse con el movimiento de los puentes ferrateros! (● figura 1).

Tras una ligera subida, con tramos verticales y horizontales, llegamos a una pequeña cueva donde se encuentra el buzón del Cuentamontes, en el que se puede dejar la firma y algún comentario de la experiencia. La verdad es que encontrar estos buzones tiene mucho encanto (● figura 2).

Después de la cueva, y tras otra ligera subida con tramos alternados horizontales y verticales, alcanzamos la cumbre.

Aquí nos encontramos el Mirador de Elda y, girando a nuestra izquierda siguiendo el sendero, descendemos (todo está indicado con postes y señalética) hasta el comienzo del tramo hacia la gran tirolina. Es importante señalar que durante la vía hay varios escapes, y uno de ellos está en este punto; es decir, ¡la tirolina se puede saltar! (● figura 3).

Personalmente, tras estrellarme en un par de tirolinas, les tengo bastante respeto, la verdad. Pero esta está muy bien montada y es muy segura. La tirolina se llama Vicente Ferrer, en honor a un gran montañero, y tiene 130 metros. Está perfectamente equilibrada y tiene bastante altura. Importante: hay que colocarse sobre la gran roca en la salida antes de lanzarse para evitar golpes al despegar. Roberto se dio justo al salir con la roca en la espinilla...

Esta tirolina cuenta con freno y una rampa de madera para los pies al llegar. Algo fundamental, y que ya hemos repetido varias veces a lo largo del libro, es la importancia de remar cuando estás col-

gado en la tirolina: tienes que llegar con las manos al cable superior para, en caso de no haber tomado suficiente impulso, poder empujarte y alcanzar el final. En esta ocasión, Christel llevaba un cabo de anclaje demasiado largo y se quedó a 10 metros del final... sin poder remar. Roberto y yo, que siempre llevamos una cuerda de seguridad, le lanzamos un mosquetón atado a la cuerda y la arrastramos hasta nosotros. ¡Así que recuerda: el cabo tiene que estar corto! ¡Quedarse colgando como un chorizo a tanta distancia del suelo no es nada agradable!

Estos dos tramos K1 y K2 son perfectos para ir con niños, ya que tienen muchas grapas muy juntas y no presentan ninguna dificultad de altura ni desplomes. Son tramos suaves, tranquilos y muy disfrutones.

Vía Ferrata de El Bolón K3

Justo a la salida de la tirolina comienza el tramo K3, con una entrada en una pequeña cueva con una ventana natural (● figura 4). Aquí fue donde perdimos a Ana: era su primera ferrata y decidió no hacer este tramo, así que tomó el escape. La vía transcurre por una travesía horizontal que combina las grapas con el agarre en roca. La roca, caliza y horadada, permite progresar sin necesidad de usar siempre las grapas. ¡Algo que Roberto y yo nos pusimos como reto...! (● figura 5).

Aparece el primer puente mono, llamado el Puro, de 2,5 metros de longitud, y, rápidamente, la vía comienza a ganar altura con subidas verticales. El ascenso vertical, sobre pared tumbada, ofrece buenos apoyos en roca.

5

Después, atravesamos el segundo puente mono, la Cola, esta vez más largo, de 10 metros (● figura 6), que nos acerca al Petit Espolón, un tramo que tumba y que, una vez más, nos ofrece el juego de agarre natural. A lo largo del recorrido, encontramos tramos sin grapas en los que se sube únicamente por la roca, siempre asegurados a la línea de vida. La verdad es que progresar con apoyos únicamente en roca aporta una sensación de semiescalada.

Aparece entonces un puente tibetano de 25 metros que nos permite ver de frente el Espolón Maestre (● figura 7). Aquí Christel lo pasó regular, ya que era su tercera ferrata y justo este ascenso vertical tenía algún paso más atlético y expuesto. Tras el ascenso vertical, llegamos a la Cresta del Peñoncito. Y aunque pienses que ya has terminado... ¡no! ¡Aún queda ferrata!

Atravesamos la cima con un pequeño recorrido que nos permite caminar contemplando las vistas, siempre anclados al cable de vida, y, rápidamente, nos encontramos de nuevo con otro puente mono de 9 metros llamado el Nido, que termina con una nueva sorpresa: ¡otro buzón!

LA SECCIÓN FINAL: EL DESCENSO Y EL ENCUENTRO INESPERADO

Vía Ferrata Cuentamontes K2
Tras alcanzar el segundo buzón, se continúa hacia la Cruz de El Bolón, a 652 metros de altura (● figura 9). Desde allí, se inicia el descenso hacia el pueblo, con dos opciones: ¿tomar el escape y bajar por el sendero o descender por la ferrata Cuentamontes? Nosotros decidimos hacer el K2, está señalizado con carteles, y enseguida aparece el cable de vida de este tramo final.

6

Aquí comienza la bajada y, en el primer giro, una sorpresa: nos encontramos en una minicueva con una hembra de pavo real. ¡Un momento insólito en mitad del secarral! Fue en este momento cuando Roberto y yo nos planteamos un capítulo dedicado a la conservación y a la importancia de hablar sobre el efecto de las ferratas en el medio natural. El grupo, al ver al ave, guardó silencio y comenzamos a descender lentamente, dejando espacio de sobra entre nosotros para evitar molestarla.

Es importante tener cuidado porque esta vía es de doble sentido, por lo que podemos encontrarnos a alguien subiendo. La bajada está bien asegurada por una cresta, con varios destrepes y algún que otro canalón, hasta llegar a otro puente tibetano de 10,5 metros que bordea una cresta rocosa con vistas espectaculares (● figura 8).

Después del puente, y a pocos metros de terminar la vía, se accede a una cueva con un pequeño descenso equipado con cadena y la bajada de una loma asegurada con línea de vida. En este último tramo, se encuentran varios descensos consecutivos, todos equipados con cadena y línea de vida. Finalmente, se retoma el sendero hacia el parking, que está marcado con unos tubos rojos reflectantes clavados en las rocas.

VALORACIÓN TÉCNICA Y SENSORIAL

Esta vía ferrata nos ha resultado muy interesante porque es muy completa y progresiva: perfecta para iniciación, donde pueden probar familias con peques, y con una evolución hacia tramos técnicos sin ser excesivamente exigentes. Esto permite tener una idea general de lo que son las vías ferratas.

Sensorialmente, el recorrido está lleno de estímulos y paisajes muy cambiantes: secarrales, cumbres, puentes, cuevas, vistas... ¡y pavos reales!

A nosotros, la bajada se nos hizo un poco pesada, la vía es muy larga, pero que recomendamos sin duda para hacer en familia con niños, incluyendo el último tramo K2.

Sigue la ruta en Wikiloc

Página oficial de la ferrata

CONCLUSIÓN

La Vía Ferrata El Bolón es una aventura completa: tiene tirolina, puentes, tramos sin grapas, crestas, descensos asegurados con cadenas y hasta encuentros surrealistas con fauna inesperada. Es perfecta tanto para iniciados que quieren dar un paso más como para ferratistas intermedios que buscan un plan tranquilo con algo de aventura.

Y recuerda: si en el coche alguien dice «¡Qué pereza escalar!», probablemente estás a punto de vivir una ruta inolvidable y de echarte unas buenas risas.

8

9
PETZL

1

Redován, Alicante

REDOVÁN

Mira el vídeo
de esta ferrata

LOCALIZACIÓN

En la Comunidad Valenciana nos encontramos una buena cantidad de vías ferratas bastante atractivas y de varios niveles. Es una región a la que hemos ido en varias ocasiones y que ofrece múltiples posibilidades si lo que quieres es huir de las ciudades.

Después de una buena ferrata, lo mejor es pasarse por la Tetería Crevillente y disfrutar de ese espectáculo sensorial: tés, pavos reales, sonido de agua... Es un auténtico oasis en estas tierras áridas.

Puedes combinar el té con un buen atardecer en las salinas de Torrevieja o un buceo en Tabarca, disfrutando del pueblo de Santa Pola, desde donde sale el ferri a esta isla protegida, ya que es reserva marina y una zona de especial protección para aves (ZEPA).

CÓMO LLEGAR

El acceso a la ferrata de Redován se hace desde el mismo pueblo de Redován, dejando el coche en el polideportivo Los Pasos, donde se encuentra la piscina municipal. Tras dejar el coche solo hay que andar en dirección a la montaña. Cuando termina el asfalto hay un cartel indicativo que precede al sendero, ya se ven las grapas y los puentes desde aquí. El camino se enfrenta a una subida y se desvía hacia la izquierda en la primera bifurcación. Un poco más adelante tomaremos el sendero que va hacia la derecha para encontrar la ferrata en la pared antes de volver a cruzar el barranco. **38°07'03.9"N 0°54'26.2"W**

FICHA TÉCNICA

DURACIÓN
- **Tiempo de acceso:** 10/15 min
- **Tempo de recorrido:** 90 min para dos personas
- **Tiempo de regreso:** 45 min

LONGITUD
- **Longitud total:** 3 km
- **Longitud equipado:** 700 m
- **Desnivel total:** 310 m
- **Desnivel equipado:** 80 m

DIFICULTAD
- **Grado:** Tramo inicial K2 familiar con escape y tramo deportivo K4+
- **Factor psicológico:** Bastante alto
- **Desplomes:** Varios desplomes mantenidos. 1 en la salida del K2 que se puede evitar
- **Apto para niños:** Sí, el tramo familiar
- **Escapes:** Con rapel de abandono. No específicos

EQUIPACIÓN DE LA VÍA
- **Tirolina:** No
- **Puentes:** 6 en K2 y 1 en K4+
- **Rapel:** No
- **Extras:** Bisagra espectacular a 90 m del suelo
- **Escalera invertida**

ÉPOCA
- **Estación:** En verano se puede hacer duro por el calor, mejor por la mañana que está a la sombra
- **Orientación:** O
- **Estado:** Perfecto estado en abril de 2025
- **Pago:** No

MATERIAL
- Disipador de vía ferrata
- Arnés
- Casco
- Guantes recomendables

MATERIAL

Para el primer tramo familiar (K2) solo necesitaremos el kit básico de ferratas. Para el tramo deportivo, aparte de llevar los brazos bien cargados y la mente despejada, nos vendrá bien un cabo de anclaje para la bisagra. A pesar de ser una vía con cierta complicación, no requiere mucho material extra.

DESCRIPCIÓN

Llega la Semana Santa, nos acabamos de mudar de casa, a vivir, por fin, al campo, ¡y en lugar de quedarnos en la Sierra Norte de Madrid abriendo cajas, decidimos irnos toda la Semana Santa de ferratas! ¡Maravilloso! Seis días sin parar de subir, bajar y apretarle.

Comenzamos con la Vía Ferrata de Redován, que tiene dos tramos muy bien diferenciados: un primer tramo familiar K2, muy recomendable para

los más peques, y un tramo K4+ para los ferrateros que quieran un chute de adrenalina.

APROXIMACIÓN A LA VÍA

Desde el parking hay una pequeña aproximación por un sendero muy bien delimitado de aproximadamente 10 minutos, con marcas blancas y amarillas, aunque es un poco confuso justo al final y hay que seguir unas balizas en las que pone «ferrata». Este sendero nos lleva al comienzo del tramo familiar K2.

ASCENSO

Este tramo, diseñado para todos los públicos, comienza con un breve ascenso en vertical y una travesía a la derecha que nos lleva al primer puente tibetano de 26 metros y sin apenas altura. Tras este puente, seguimos en ascenso por una placa tumbada, asegurada con cadenas, que nos lleva al segundo puente de 35 metros. De nuevo, ascendemos brevemente y llegamos al último puente de 6 metros con listones de madera separados entre sí que se balancean como si fueran columpios bajo nuestros pies (● figura 2).

Tras el puente de los columpios y un breve ascenso, nos encontramos de nuevo un puente mono de 9 metros

3

(● figura 3) y una viga de metal muy corta (3 metros). Y para terminar esta parte familiar, tras otra travesía vertical con ligero desplome (● figura 4), llegas a una especie de repisa donde ves toda la montaña, y a la derecha sale un tablón de madera... ¡Y ya desde ahí, la última ascensión en vertical! Ahí se acaba el primer tramo K2. Aunque si el desplome es demasiado para los más peques, se puede acceder al camino de retorno desde ahí y no es necesario hacerlo.

La gran pared vertical K4

Justo en la salida del tramo K2, vemos una indicación en una piedra que señala que la ferrata continúa hacia la izquierda. A nuestra derecha, otro imponente paredón nos muestra vías de escalada con mucha afluencia de gente probando a subir esas paredes. Este camino de la derecha te lleva hasta el aparcamiento.

Este segundo tramo de vía ferrata, catalogado como K4+, comienza en una gran pared muy expuesta y vertical, donde en los primeros 3 metros aparece el primer desplome, que no es muy agresivo (● figura 5). Luego hay que seguir unos 10 metros verticales más, y enseguida aparece el segundo desplome, un poco más pronunciado y más duro. A medida que vamos ganando altura, van apareciendo pequeños desplomes sostenidos que nos mantienen con los brazos bien calientes.

Justo en la parte final de este primer tramo aparece una grieta asegurada con línea de vida y una cadena para subirla. Todos los apoyos para los pies son en roca, ¡y es una cuesta bastante divertida y a bastante altura! Justo después de esta subida, aparece una pequeña repisa que nos da el primer descanso.

A partir de aquí hay que seguir subiendo por una pared muy vertical, y al levantar la cabeza ya se puede ver cómo sufre la gente en la bisagra... Poco antes de llegar a ella, pasaremos otro pequeño desplome que nos deja en una pequeña tarima de madera, perfecta para coger fuerzas antes de enfrentarnos a la bisagra.

PARTICULARIDADES DE LA FERRATA: LOS JUGUETES DE LA PARED

La bisagra está ubicada a gran altura respecto al suelo: ¡90 metros! Resulta mucho más impactante de lo que parece desde abajo. Te separa 3 metros de la pared y ofrece una perspectiva muy aérea de la vía, dándole un ambiente muy expuesto y aumentando el factor psicológico. Roberto, con «los juguetes de la pared», como yo los llamo, ¡se muere de miedo!

Si no te empujas con la suficiente fuerza en la bisagra, no llegas a hacer el giro completo. Pero tranquilo, puedes agarrarte a la cadena y tirar de ella para llegar a la pared (● figura 6).

Si el componente psicológico de la bisagra supera tus expectativas, al estar tan vertical y alta, hay un escape que va paralelo a ella, pegado a la pared (unas grapas para pies y manos). No es imprescindible hacerla para seguir progresando por la vía.

4

Es importante engancharse bien a la bisagra y tomarse el tiempo necesario para estar seguros de haber hecho todo correctamente (¡repasa, si no estás seguro, el vídeo sobre cómo anclarte antes de meterte al lío!).

Una vez depositado al otro lado de la bisagra, al mirar hacia arriba, ves la escalera invertida..., ¡pero no hay descanso! Al empezar a subir, te enfrentas a un tramo desplomado que te deja en la entrada de la escalera. Cuando te giras para acceder a ella, te das cuenta de lo alto que estás y tienes una visión panorámica de todo: las montañas, la Vega Baja... (● figura 1).

Roberto lo pasó bastante mal al pensar que estaba colgando de esos dos trozos de metal... y la vista de 100 metros de caída. Seguimos subiendo hasta llegar a la segunda plataforma de madera que aguanta el peso de cuatro personas. ¡Ahí puedes recuperar el aliento y tratar de disfrutar de las vistas!

Después de esto, se sube un poquito más en vertical y llegamos a una travesía horizontal con bastantes apoyos en roca para los pies, aunque las grapas están bastante separadas. ¡En este punto me quedé un poco trabada! La sensación de caída aquí es bastante *heavy*...

LA SECCIÓN FINAL

Y después de todo eso... ¡aparece un puente tibetano de 30 metros! (● figura 7). Cuando lo terminas, toca una subida por la ladera, con cable de vida, con apoyos en la roca. Es una subida directa que te lleva a lo alto de la montaña, donde aparece la señalética para coger el camino de retorno al aparcamiento.

Es un camino de gravilla, bastante resbaladizo, cuesta abajo, muy expuesto y muy estrecho. Está marcado con una señalética de GR, con una línea blanca y una línea verde, y serpentea rodeando la montaña.

Además, es largo: son aproximadamente 45 minutos desde que terminas la vía hasta que llegas de nuevo al parking. ¡Y ojo! Hay que estar atentos a las señales del camino porque es fácil perderse o confundirse y seguir bajando colina abajo en línea recta. Puede que veas una cruz en algún tramo, como nos pasó a nosotros, y si no estás atento, te tocará retroceder.

VALORACIÓN TÉCNICA Y SENSORIAL

Claramente, hay dos tramos diferenciados que hacen de esta ferrata una opción apta para todos los gustos. El tramo K2, ¡recomendadísimo para familias con peques! Es sencillo, divertido y está en un entorno precioso.

El tramo K4+, a pesar de los desplomes sostenidos del comienzo, pone verdaderamente a prueba el factor psicológico. Es una pared muy expuesta y muy vertical donde, además, has de moverte por ella con decisión, tanto en la bisagra como en la escalera invertida.

CONCLUSIÓN

¡Ve y hadla! Aconsejable tanto para quienes buscan un plan tranquilo en familia como para los que quieren adrenalina a tope.

Sigue la ruta en Wikiloc

Página oficial de la ferrata

1

Alicante, Comunidad Valenciana

CALLOSA DE SEGURA

Mira el vídeo de esta ferrata

LOCALIZACIÓN

La localidad de Callosa de Segura ofrece múltiples actividades al aire libre como senderismo, escalada o vías ferratas. Bien merece la pena recorrer las calles del pueblo que conservan aún el trazado medieval, y visitar alguno de sus museos, como el Museo Arqueológico o el del Cáñamo. Recomendadísimo también visitar la cueva Ahumada en el Paraje Natural Municipal La Pilarica; esa mole de piedra caliza no te dejará indiferente.

CÓMO LLEGAR

Se encuentra entre los municipios de Redován y Callosa de Segura. Encontramos el parking en el área recreativa de la cueva Ahumada, **38°06'52.4"N 0°53'24.6"W,** que se cierra por las noches, así que si se accede muy temprano o se va a salir muy tarde es mejor revisar los horarios, que varían según la temporada. Habíamos oído que hay muchos robos en la zona, así que preferimos dejar el coche en la calle principal cerca del Callosa Deportiva Club de Fútbol, a la vista continua de los viandantes. En las horas centrales del día nos dio la impresión que había mucha gente en el área recreativa y que no habría mucho problema.

FICHA TÉCNICA

DURACIÓN
- **Tiempo de acceso:** 15 min
- **Tempo de recorrido:** 130 min para 2 personas
- **Tiempo de regreso:** 15 min

LONGITUD
- **Longitud total:** 2,5 km
- **Longitud equipado:** 1100 m
- **Desnivel total:** 233 m
- **Desnivel equipado:** 200 m

DIFICULTAD
- **Grado:** Tramo inicial K3 con escape y tramo deportivo K5
- **Factor psicológico:** Bastante alto
- **Desplomes:** Varios desplomes mantenidos y expuestos en el tramo vertical del K5. Dos invertidos durante la bajada muy pronunciados
- **Apto para niños:** Sí, para niños con cierta experiencia en el tramo familiar
- **Escapes:** Se puede escapar entre los tramos y hay posibilidades de montar rapeles en algunos puntos

EQUIPACIÓN DE LA VÍA
- **Tirolina:** No
- **Puentes:** 7 en K3 y dos en K5
- **Rapel:** En el caso de no querer hacer el desplome invertido del final
- **Extras:** No

ÉPOCA
- **Estación:** En verano se puede hacer duro por el calor, llevar mucha agua
- **Orientación:** S, E y O
- **Estado:** Perfecto estado en abril de 2025
- **Pago:** No

MATERIAL
- Disipador de vía ferrata
- Arnés
- Casco
- Guantes
- Cabo de abandono 60 m
- Equipo de rapel por si acaso

MATERIAL

Para el primer tramo familiar (K2) solo necesitaremos el kit básico de ferratas. Para el tramo deportivo, aparte de llevar los brazos bien cargados y la mente despejada, nos vendrá bien llevar una cuerda de abandono y material de rapel por si se complica el último desplome.

DESCRIPCIÓN

Esta ferrata es dura: físicamente muy exigente, con grandes desplomes que hay que superar tanto al subir su paredón de casi 100 metros, como al bajar, con un espectacular invertido al final. Si te sientes con fuerzas, la vía realmente merece la pena; retadora y divertida.

APROXIMACIÓN A LA VÍA

Tras informarnos a través de varias fuentes, como hacemos cada vez que planeamos una nueva salida, decidimos no aparcar en la zona de estacionamiento de la ferrata, ya que se comenta que hay muchos robos por esta zona. Además, nosotros vamos bastante lentos, ya que hacemos fotos, documentamos la ferrata y, en algunas ocasiones, volamos el dron, por lo que el coche se queda varias horas estacionado. Así que, en esta ocasión, partimos desde la carretera principal del centro del pueblo. El sendero que sale del aparcamiento de la ferrata sube por la izquierda, y rápidamente aparecen carteles que nos indican que debemos ir hacia la montaña llamada el Polígono.

ASCENSO

La ferrata comienza con un K3: un tramo familiar que no presenta mucha dificultad (● figura 2). En este recorrido nos encontramos con un puente tibetano de 26 metros, una subida por roca tumbada que está asegurada por línea de vida y cadenas para ayudar al ascenso, una subida vertical con grapas blandas y la escalera de 26 metros que nos recuerda a la Escalera al Cielo de La Hermida (● figura 1).

Al ir bordeando la montaña, hacemos varias travesías horizontales combinadas con otros dos puentes, de nuevo, uno tibetano y uno mono. Y para terminar la primera parte de este tramo K3, descendemos hasta llegar a una plataforma de madera.

2

Justo en este punto, donde comienza el tramo K5, conocimos a Javi y a Iker; dos chicos que llevaban tres meses haciendo vías ferratas y se unieron a nosotros el resto de la vía. ¡Siempre hablamos de lo que nos ha regalado este libro: descubrir sitios nuevos y gente en el camino ferratero! Este tramo es una subida vertical con pasos atléticos, ya que en algunos momentos las grapas se alejan bastante. Es una subida expuesta donde se asciende con rapidez. Además de ser atlética, tiene ligeros desplomes que calientan los brazos rápido. Tras esta subida vertical, llegamos a una cresta desde donde se puede ver la continuación de la ferrata. Aquí nos paramos un rato a comer, a escuchar las cabras y Javi e Iker nos hablaron de ellos y nos enseñaron, muy entusiasmados, todo su material nuevo. ¡Javi llevaba una supermochila nueva nueva!

Tras superar la cresta, aparecen tres puentes casi seguidos: dos de ellos tibetanos y uno mono (● figuras 3 y 4). Uno de ellos es de los más largos. El final del último puente termina en una cuevita donde les hicimos a nuestros compañeros de hoy una foto para el recuerdo (● figura 5).

4

5

PARTICULARIDADES DE LA FERRATA

Comenzamos a descender, y el tramo más difícil de la vía, al menos para mí, está al final del destrepe, en un desplome negativo (K5), donde no ves las grapas para apoyar los pies y que resulta agresivo (● figura 6).

Una vez superado el desplome, comienza una travesía horizontal con desplomes ligeros y sostenidos, que terminan en una repisa y aparece el tramo final: la cueva con desplome, nuevamente invertido, que tiene la opción de rapelar.

6

LA SECCIÓN FINAL: EL RAPEL AVISPERO

Roberto fue el único de los cuatro que hizo el desplome invertido y nos comentó al terminar que tenía dificultad, ya que te saca mucho de la pared (● figura 7). Nosotros tres montamos un rápel desde dos grapas, ya que no encontramos la reunión... La primera en bajar fui yo. ¡Atención si quieres rapelar! Si no te pones en la parte de la derecha del todo,

7

cosa que nosotros no hicimos, ya que rapelamos un poco más a la izquierda, en aquel momento había un avispero gigante que casi golpeo con los pies. Además, es un rapel volado y las avispas ya estaban a mi alrededor en la bajada. Por suerte, pudimos avisar a los chicos, que desmontaron el rapel y lo movieron un poco más a su derecha (● figuras 8 y 9).

Una vez abajo, seguimos el sendero, que nos lleva al aparcamiento en unos 15 minutos; está bien marcado y no tiene pérdida.

Página oficial de la ferrata

Sigue la ruta en Wikiloc

CONCLUSIÓN

Podríamos decir que esta vía tiene un primer tramo familiar, considerado K3, sin mucha dificultad y bastante singular, ya que tiene una escalera, varios puentes, cadenas y paredes que tumban... Y un segundo tramo K5, muy atlético, que incluye un par de desplomes negativos y un rapel opcional, por lo que hay que tener experiencia y no sobreestimar las bajadas negativas.

9

1

Gaucín, Málaga

CASTILLO DEL ÁGUILA

Mira el vídeo de esta ferrata

LOCALIZACIÓN

Gaucín es un pueblo blanco malagueño de la Serranía de Ronda, en Málaga. Está coronado por un castillo cuyas murallas son de roca abrupta y salvaje (● figuras 6 y 7). El castillo se alza dominando el paisaje y bajo sus pies, duerme el pueblo. La ferrata recorre sus muros, los rodea y nos brinda unas vistas espectaculares. Es uno de esos sitios donde sabes que las noches medievales, con sus calles iluminadas con candelabros, debían dejar un espectáculo de estrellas digno de admirar. Las posibilidades que ofrece este pueblo son diversas: senderismo, ferrata, visita a viñedos y bodegas varias... Y para quien se quiera acercar desde aquí a la costa, hay avistamientos de delfines desde Estepona.

CÓMO LLEGAR

La ferrata sale desde el mismo castillo prácticamente. Dejamos el coche en el parking del castillo del Águila, en Gaucín: **36°31'00.2"N 5°18'50.2"W.** Desde aquí estamos al lado del comienzo de la vía a las mismas puertas del castillo.

FICHA TÉCNICA

DURACIÓN
- **Tiempo de acceso:** 5 min
- **Tempo de recorrido:** 100 min
- **Tiempo de regreso:** 8 min

LONGITUD
- **Longitud total:** 1 km
- **Longitud equipado:** 182 m
- **Desnivel total:** 145 m
- **Desnivel equipado:** 75 m

DIFICULTAD
- **Grado:** K3
- **Factor psicológico:** Medio
- **Desplomes:** 2 suaves
- **Apto para niños:** Sí, con experiencia en tirolinas, altura mínima 140 cm. No es una ferrata familiar
- **Escapes:** Con rapel de abandono. No específicos

EQUIPACIÓN DE LA VÍA
- **Tirolina:** 1 de 20 m mal equilibrada. Es imprescindible mosquetón de freno, el aterrizaje es muy peligroso. La tirolina es obligatoria para seguir progresando.
- **Puentes:** 3
- **Rapel:** No
- **Extras:** No

ÉPOCA
- **Estación:** Todo el año
- **Orientación:** E. Evitar la mañana en verano
- **Estado:** Perfecto estado en diciembre de 2024
- **Pago:** No

DESCRIPCIÓN

Una vía ferrata catalogada como K3 y que, a pesar de no presentar mucha dificultad, tiene un componente psicológico importante, ya que uno de los puentes mono y la tirolina están a gran altura. Por lo que no es recomendable para familias con peques. ¡Ojo! Lo apuntamos y explicamos a continuación: la tirolina está mal equilibrada, por lo que no se debe hacer si no se lleva sistema de frenado.

APROXIMACIÓN A LA VÍA

Se llega fácilmente en coche hasta el centro del pueblo. Desde una pequeña plaza donde se puede aparcar, ya nos permite ver la torre y el castillo. Dejando la plaza tras nosotros, comenzamos a subir por un sendero de piedra hasta las puertas del castillo. Justo antes de llegar a la entrada, a mano derecha, encontraremos el cartel de inicio de la ferrata.

ASCENSO Y PARTICULARIDADES DE LA VÍA

Es curioso, ya que esta vía ferrata comienza destrepando hacia la derecha. Sí, como lo oyes. Nos recuerda a la Vía Ferrata de Callejomadero en Cantabria, donde, en busca del rapel infinito, también vas destrepando los primeros metros. Hay muy pocas vías que comienzan así...Y no solo eso, tras la bajada nos lanzamos a una pared ligeramente desplomada donde no hay grapas y al no

haber mucho agarre de roca te acabas agarrando al cable de vida... ¡Trampa, sí! ¡Lo sabemos! Pero aquí no nos quedó otra opción... Además, el paso está situado entre dos bloques de rocas que se separan y permiten ver el vacío bajo tus pies (mucho vacío no es; solo un poco).

Una vez terminado este tramo y tras subir una pequeña roca (● figura 3) que te permite ver todo el paisaje, volvemos a destrepar para afrontar una pared vertical con travesía hacia la izquierda y ligero desplome, que termina en un puente mono de 10 metros (● figura 2). Al ser una vía que serpentea los muros del castillo, la dinámica se repite varias veces: destrepes ligeros, desplomes y buenas vistas (● figura 1).

Tan pronto como se terminan las paredes rocosas de la montaña, aparece otro puente mono de 20 metros que conecta con un gran peñasco, lo que le da mucha exposición y altura al puente (● figura 4).

SECCIÓN FINAL: LA TIROLINA DEL INFIERNO

Al final llegamos a la tirolina que está muy mal equilibrada. Aviso: te estrellas al llegar (¡es que está cuesta abajo!). Es muy importante que nadie se tire si no lleva mosquetón de freno: la tirolina está muy alta, y a no ser que se retroceda la vía entera, no hay escapes en este punto. Primero me tiré yo (● figura 5), que gané un esguince de primer grado, y después Roberto, que se clavó los tornillos de los cables en el retroceso del impacto con la roca. Él ganó un edema óseo y un raspón a nivel profesional. Después de reír, llorar y esperar que no quedara mucho para terminar la vía, hicimos el puente tibetano de 20 metros que sale directo de la tirolina.

En cuanto termina el puente, aparece una subida en vertical muy bien equipada tanto con grapas como con apoyos en roca y que nos deja en los caminos del castillo. ¡Una salida épica!

VALORACIÓN TÉCNICA Y SENSORIAL

Vía no muy larga pero intensa. Juega con varios elementos: los destrepes, ligeros desplomes sostenidos, puentes con altura y una tirolina kamikaze. No es para principiantes ni para quienes busquen un paseo relajado. Eso sí, las vistas del castillo y del valle son espectaculares.

Aconsejamos encarecidamente que nadie haga la tirolina sin mosquetón de freno. También queremos manifestar que este tipo de cuestiones se deben avisar en el cartel de entrada porque un golpe a esa velocidad y en ese lugar es muy peligroso. De hecho, una vez que terminamos la ferrata decidimos pasear por los alrededores del castillo y aprovechar para ver la ermita y la puesta de sol. Una pareja de jóvenes que nos vio

cojear (sí, sí, salimos hechos polvo) y con el petate de ferratas y el casco aún puesto, nos dijo con sorna: «¡Qué, muchachos, os habéis estrellao en la tirolina!, ¿verdá?».

Sigue la ruta en Wikiloc

CONCLUSIÓN

Página oficial de la ferrata

¡Perfecta para soltar carcajadas nerviosas y sudar la gota fría con tus colegas ferrateros!

1

Montejaque, Málaga

PRESA DE LOS CABALLEROS

Mira el vídeo de esta ferrata

LOCALIZACIÓN

Situado en la sierra de Grazalema, Montejaque te permite hacer actividades como senderismo, visitar el Centro de Interpretación de Espeleología y quizás, si te atreves, sumergirte en la cueva del Hundidero con un guía profesional. Por supuesto, después de hacer tanto deporte de aventura, toca disfrutar de una parada gastronómica en los mesones y las bodegas del pueblo y probar unas chacinas caseras. ¡Qué rico todo!

CÓMO LLEGAR

La ferrata se encuentra unos pocos kilómetros al norte de Montejaque, en la misma presa de los Caballeros. Hay que dejar el coche en un pequeño parking de tierra que se encuentra al borde de la carretera, en las coordenadas: **36°45'27.9"N 5°14'16.1"W.** También podemos poner aparcamiento cueva del Hundidero en Google Maps. Desde allí hay que bajar un camino en dirección a la presa.

FICHA TÉCNICA

DURACIÓN
- **Tiempo de acceso:** 20 min
- **Tempo de recorrido:** 60 min
- **Tiempo de regreso :**15 min

LONGITUD
- **Longitud total:** 2,9 km
- **Longitud equipado:** 250 m
- **Desnivel total:** 145 m
- **Desnivel equipado:** 75 m

DIFICULTAD
- **Grado:** 3 tramos diferenciados con dificultades K1 y 2 K2
- **Factor psicológico:** Medio/alto. La tirolina está muy expuesta, impresiona
- **Desplomes:** No
- **Apto para niños:** Sí, con experiencia en tirolinas, aunque se puede evitar
- **Escapes:** Con rapel de abandono. No específicos

EQUIPACIÓN DE LA VÍA
- **Tirolina:** 1 de 70 m muy bien equilibrada, opcional y recomendable
- **Puentes:** 1 puente tibetano opcional
- **Rapel:** No
- **Extras:** No

ÉPOCA
- **Estación:** Todo el año
- **Orientación:** O
  Evitar la tarde en verano
- **Estado:** Perfecto estado en diciembre de 2024
- **Pago:** No

MATERIAL
- Disipador de vía ferrata
- Arnés
- Casco
- Guantes recomendables
- Kit de tirolina. No es necesario el mosquetón de freno porque está muy bien equilibrada. Para alquilar material, Ronda es la mejor opción, por ejemplo en https://sportmountain.es/
- Frontal, opcional pero útil, sobre todo si se quiere visitar la cueva

DESCRIPCIÓN

Situada cerca del embalse de Montejaque, esta ferrata sorprende por su entorno natural, rodeada de chopos, fresnos y sauces y desde la que puedes ver buitres leonados, búhos reales y águilas culebreras. Esta ferrata está ubicada en una presa y, aprovechando esta infraestructura, la vía recorre sus muros de hormigón cogiendo altura rápidamente (● figura 1). La vía es bastante divertida, con varios recorridos para todos los públicos: Un túnel con un K1 al final que enlaza con el K2 que sube por la derecha de la presa. Arriba podemos salir o hacer el puente tibetano y bajar a la tirolina. El tramo K2, que sube el imponente muro de la presa por la izquierda, es el camino más directo e impresionante. Al llegar arriba podemos escapar a lo alto de la presa y salir, o hacer la tirolina y volver por el puente tibetano, que es lo que hicimos nosotros. Desde el sendero se ven claramente las grapas que suben por la pared de la presa, el puente y la tirolina.

APROXIMACIÓN A LA VÍA

Se llega a un parking amplio situado al pie de la carretera y en el cual ya hay varios carteles con información del recorrido. Desde aquí, se toma una pista de tierra y más tarde un camino de piedra que baja al valle. Una vez abajo, el camino se bifurca: hacia la izquierda nos

3

adentramos en la cueva del Hundidero; hacía la derecha, avanzamos al comienzo de la ferrata.

ASCENSO

Nosotros decidimos comenzar con el túnel K1: parece que estás entrando en un túnel minero, ¡además la salida es chulísima! (● figura 3). Se sube por la pared interna de la presa y vas a parar justo a los pies del paredón. Muy importante, ferratero, como hemos apuntado ya en otras ferratas... ¡En la seta de vuestra mochila, siempre un buen frontal! Es imprescindible para cruzar el túnel porque no se ve nada. En este punto, salen dos tramos: si seguimos subiendo es el tramo K1, si giramos a la izquierda subimos por el tramo K2. Importante: si tomo el tramo K1, me salto la tirolina. Aunque se puede volver por la parte superior de la presa y luego acceder a través de un pequeño desplome.

Nosotros decidimos subir por la K2 (deshicimos el camino para volver a empezar, ¡somos unos ansias y lo queremos hacer todo todo!). Para ir a esta parte de la ferrata, tienes que seguir un

4

sendero un poco abrupto y marcado por unos pivotes de madera. Comenzamos el ascenso por su cara izquierda hasta llegar a una tirolina con vistas y caída espectaculares. Roberto, nuestro valiente guía polar ártico, se quedó petrificado en el borde. Una familia inglesa que no llevaba polea para arrojarse al vacío le animaba desde la parte alta de la presa. «Go, go you can do it!». Y lo hizo. Le costó, pero se lanzó al abismo.

LA SECCIÓN FINAL

En el tramo 3 nos encontramos la tirolina, que está genial (● figura 6); termina en una plataforma de madera y es recomendable tomar algo de impulso. ¡Que sí, que tiene una longitud de entre 60 y 72 metros, está a 90 metros sobre el suelo y da caguele! Lo sé, pero si no lo haces corres el riesgo de tener que remar un poquito como le pasó a Roberto. En mi caso, por suerte, me esperaba él con los brazos extendidos para saltar a la plataforma.

Tras esto, llega una subida vertical en la roca que nos deja en el puente tibetano de 70 metros marcando el tramo final (● figuras 4 y 5). Todo está bien instalado y es perfecto para una aventura familiar.

La familia inglesa fue tan simpática que, cuando terminamos la ferrata, le dejamos nuestras poleas para que los dos chavales y su padre probaran la tirolina. Estuvimos hablando un rato con ellos y él resultó ser guía de montaña y escalada. Desde este capítulo, les mandamos un saludo.

PARTICULARIDADES DE LA FERRATA

¡Tiene muchas!
Es una vía ferrata que nos apetecía mucho que estuviera en el libro porque,

además de todo lo que hemos descrito, es una vía inaugurada en junio del 2024, por lo que es bastante nueva.

Hay grapas lisas y otras están aplastadas, y, oye, conviven tan ricamente las dos. Ahora, ver las grapas aplastadas según subes da un poco de yuyu. Además, las grapas lisas resbalan un poco.

¡La cueva del Hundidero es fantástica! Está prohibido entrar sin permiso o sin guías, pero es posible asomarse unos metros (● figura 2) (de nuevo, con frontal, ¡que no se ve nada!). La boca de entrada es de unos 60 metros de altura por 10 de ancho y pertenece al Sistema Espeleológico Hundidero-Gato. Ha sido declarada Monumento Natural en 2019 y Bien de Interés Cultural (tiene pinturas rupestres de la Edad de Cobre, es muy flipante, sí). Y lo mejor, tiene un río subterráneo que, con unos buenos guías de espeleología, se puede descender. Y como no podía ser de otra forma, ahora tenemos pendiente volver y bajar el río... ¡Es que no da la vida con tantas cosas de aventura molonas para hacer!

VALORACIÓN TÉCNICA Y SENSORIAL

Muy visual, con buen ambiente de barranco. Sin grandes retos técnicos, pero con detalles que la hacen muy completa y divertida. Es perfecta para ir en familia, o con otros ferrateros.

5

CONCLUSIÓN

Es una vía muy corta. En una hora y media puedes hacer los tres recorridos. Pero esto implica volver al inicio las tres veces para poder hacer los tramos completos. Una ferrata fácil y divertida en un paraje muy singular. Perfecta para introducir a amigos o familia y disfrutar del entorno tan ricamente.

Sigue la ruta en Wikiloc

1

Ronda, Málaga

TAJO DE RONDA

Mira el vídeo
de esta ferrata

LOCALIZACIÓN

Hay que visitar Ronda. Es parada obligatoria: la ciudad está dividida en dos por su cañón del Tajo y el río Guadalevín que lo atraviesa. Las murallas y los arcos, junto con su puente nuevo, son un verdadero espectáculo. Toda la ciudad está llena de paseos, miradores, murallas y plazas donde disfrutar de esa escenografía medieval, tapeo rico y muy buen ambiente.

CÓMO LLEGAR

Lo más sencillo es dejar el coche en el mirador la Hoya del Tajo, situado al oeste del Tajo de Ronda. Esa localización se encuentra bien en el Google Maps, o se pueden poner las coordenadas **36°44'20.1"N 5°10'12.9"W.**

FICHA TÉCNICA

DURACIÓN
- **Tiempo de acceso:** 20 min
- **Tempo de recorrido:** 50 min
- **Tiempo de regreso:** 20 min

LONGITUD
- **Longitud total:** 2,9 km
- **Longitud equipado:** 74 m
- **Desnivel total:** 132 m
- **Desnivel equipado:** 56 m

DIFICULTAD
- **Grado:** K1 y K2
- **Factor psicológico:** Sencillo
- **Desplomes:** 1 suave
- **Apto para niños:** Sí
- **Escapes:** No específicos

EQUIPACIÓN DE LA VÍA
- **Tirolina:** No
- **Puentes:** No
- **Rapel:** No
- **Extras:** No

ÉPOCA
- **Estación:** Todo el año. La orientación norte la protege del calor del verano y los inviernos no son muy fríos
- **Orientación:** N
- **Estado:** Perfecto estado en diciembre de 2024
- **Pago:** No

MATERIAL

Es una vía sencilla que no necesita ninguna aportación extra de material, el kit de ferrata básico es suficiente, podemos incluso prescindir de los guantes al ser tan cortita, aunque siempre se agradecen.

DESCRIPCIÓN

Vía ferrata supersencilla y recomendable para familia con peques con dos tramos bien diferenciados y catalogados como K1 y K2. Está ubicada a los pies de la ciudad de Ronda, y permite escalar frente a la muralla y los icónicos arcos, que parecen darte la bienvenida a un recorrido singular y muy bonito. Todo el trayecto transcurre en las inmediaciones del Tajo, con unas vistas increíbles al valle. La llegada al aparcamiento se hace por una pista empinada nada cómoda si se encuentran dos coches... y que gira a la derecha.

ASCENSO

Aparcamos en la gran explanada habilitada para contemplar la ciudad desde lejos y que nos conduce al mirador. Desde allí, se toma un camino de tierra y luego uno empedrado que lleva a una pequeña senda. La primera vía, Tajo 2, se encuentra a mano derecha, señalada con una pequeña plaquita verde. ¡Hay que ir ojo avizor porque no se ve bien! (● figura 3).

Una vez que terminamos este tramo, vamos en busca del Tajo 1, que está terminando la senda y atravesando unas ruinas. ¡Ferratero, cuidado con subir por la que no es! Hay una pared con grapas que no lleva a ninguna parte y que creemos que es una antigua instalación de obreros para subir material de mampostería y evitar desprendimientos en la zona. Hay dos pequeños carteles que nos marcan el recorrido.

La subida en los dos tramos es muy cómoda, con subidas en vertical, peldaños de hormigón y grapas muy juntas (● figura 1). No hay mucha sensación de vacío en el Tajo 2, y la vegetación es bastante abundante (● figura 2). En la parte del Tajo 1, se sube un paredón que da más sensación de vacío, aun así, el recorrido es bastante tranquilo (● figura 4).

PARTICULARIDADES DE LA FERRATA

En las dos vías las grapas son gruesas, lisas y antiguas, lo que le da un toquecito rústico muy particular.

Si tuviera que añadir algún tipo de dificultad a los tramos, apuntaría que el descenso del Tajo 1 sitúa las grapas muy hacia la izquierda, lo que complicaba la bajada porque te saca un poco de la pared hacía afuera. Es como descender por una escalera torcida... ¡No sabes muy bien dónde colocar los pies!

Una vez que se termina el tramo del Tajo 2, salimos a una caseta donde venden esos cascos que cuentan la historia del lugar para bajar a ver la cascada por una rampa habilitada. Creo que acercarse tanto a los arcos tiene que impresionar bastante, eso sí, hay que comerse una buena cola si vas en temporada alta.

VALORACIÓN TÉCNICA Y SENSORIAL

Es una vía muy fácil y muy visual; perfecta para principiantes o como complemento cultural a una visita a Ronda. Además, al estar en la ciudad, al terminar nos fuimos a comer y a pasear por el casco antiguo. Algo que no te permiten muchas ferratas que están metidas en la montaña y muy alejadas de las ciudades.

Sigue la ruta en Wikiloc

Página oficial de la ferrata

CONCLUSIÓN

Si buscas una vía ferrata tranquila y con buenas vistas, esta es una opción perfecta para combinar un buen tapeo y unas cañas con cultura y deporte.

4

1

Ronda, Málaga

ATAJATE

Mira el vídeo de esta ferrata

LOCALIZACIÓN

Esta vía ferrata se sitúa en plena Serranía de Ronda, rodeada de naturaleza salvaje y pueblecitos encantadores. El pueblo de Atajate se caracteriza por un maravilloso proyecto impulsado por su ayuntamiento: «Atajate con nombre de mujer». Recomendamos encarecidamente recorrer sus calles, donde las fachadas lucen azulejos con los nombres o motes de sus vecinas, como María la Telefonista o Mariquita la Pastora. Hay unas 200 placas instaladas que homenajean a las mujeres rurales que vivieron en este pueblo. Esta iniciativa rinde homenaje a las mujeres rurales y convierte el callejero en un reconocimiento público y emotivo a su memoria y contribución, tantas veces olvidadas en la historia de nuestros pueblos.

CÓMO LLEGAR

El parking se encuentra casi a la salida del pueblo, pegado a la piscina municipal: **36°38'28.5"N 5°14'39.2"W.** Hay una pequeña bajada con un giro pronunciado a la derecha y ahí se puede dejar el coche. Hay una pequeña aproximación cruzando el pueblo, pero muy leve.

FICHA TÉCNICA

DURACIÓN
- **Tiempo de acceso:** 5 min
- **Tempo de recorrido:** 80 min
- **Tiempo de regreso:** 5 min

LONGITUD
- **Longitud total:** 2,3 km
- **Longitud equipado:** 87 m
- **Desnivel total:** 66 m
- **Desnivel equipado:** 40 m

DIFICULTAD
- **Grado:** K2
- **Factor psicológico:** Medio/bajo
- **Desplomes:** 1 leve
- **Apto para niños:** Sí, con ligera experiencia
- **Escapes:** Con rapel de abandono. No específicos

EQUIPACIÓN DE LA VÍA
- **Tirolina:** No
- **Puentes:** 2
- **Rapel:** No
- **Extras:** Ninguno

ÉPOCA
- **Estación:** Todo el año. En verano la cara norte protege un poco de las altas temperaturas, aunque hay zonas en las que quedas expuesto. Evitar las horas centrales del día
- **Orientación:** N
- **Estado:** Perfecto estado en diciembre de 2024
- **Pago:** No

MATERIAL
- Disipador de vía ferrata
- Arnés
- Casco
- Guantes recomendables, pero no imprescindibles, al igual que un clavo de anclaje

DESCRIPCIÓN

Una vía ferrata muy cortita, con tramos muy fáciles, catalogada como K2. ¡Recomendable para todos los ferrateros que estéis empezando y queráis sentir el vértigo!

Desde el pueblo de Atajate, se accede fácilmente. ¡Ojo con el inicio! Hay que tomar el sendero de tierra estrecho hacia abajo a la izquierda, no el camino ancho de la derecha. Está indicado con un cartel, pero de forma discreta... Y nosotros no lo vimos al llegar.

ASCENSO

Comenzamos con una subida vertical algo desplomada (● figuras 1 y 2) y justo después, una travesía corta con el desplome mantenido hacía la derecha que, como decimos siempre, calienta los brazos y las manos. En seguida ya aparece el primer puente mono, muy cortito (● figura 3).

A continuación, otro tramo vertical donde ya tomamos altura y con otro ligero desplome nos deja en un puente de cable donde hay que estar atentos: la

línea de vida al principio está muy alta, por lo que alargar el disipador con un aro cinta puede ser útil (● figura 4).

¡Ferratero, nota importante! Esto es como lo de llevar siempre en la seta de la mochila un frontal o un mosquetón de freno en las tirolinas. ¡Hay que tener un aro de cinta para poder alargar el disipador en los puentes! ¿Por qué? Qué de cosas hay que tener, pensarás. Pues sí. Muchos puentes son muy altos en algún punto de su recorrido y los disipadores se quedan pillados. (Doy fe, que en el de La Hermida me quedé pillada en el último tramo, eso sí, con unas vistas maravillosas).

4

5

SECCIÓN FINAL

Al salir del puente encontramos una piedra plana perfecta para descansar un poco antes de enfrentar el tramo final: una subida vertical que culmina en un mirador espectacular con una salida muy épica (● figura 5).

¡Y fin de la ferrata! Ya solo nos queda bajar por un sendero muy bien señalizado hasta la salida, que nos lleva de nuevo al pueblo.

VALORACIÓN TÉCNICA Y SENSORIAL

Corta, intensa y muy agradable. Cómo ferrata, es perfecta para combinar con otras ferratas, con buena comida serrana o como un buen entrenamiento. Sin complicaciones técnicas, pero con ligeros desplomes y algún tramo vertical que le da ese punto de intensidad interesante.

6

CONCLUSIÓN

Sigue la ruta en Wikiloc

Si no quieres que se te queden las piernas temblando y los brazos doloridos, esta es tu ferrata. ¡Disfrutona y en un entorno precioso!

Página oficial de la ferrata